人氣夯！

（2017年暢銷增訂版，8款全新作品首次登場！）

來玩支架口金包

from 8cm to 35cm

**32款獨家設計╳43種配色口金包
首次發表新登場！**

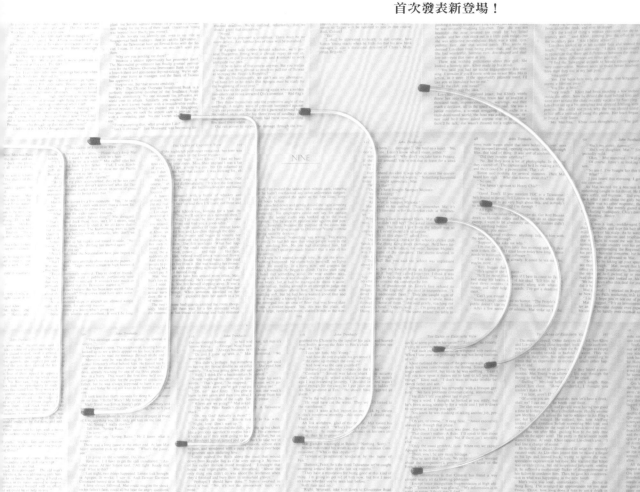

a b o u t   a n   a u t h o r

林素伶（快樂娜塔莎）

中台科技大學醫管系畢業、曾任醫院護理督導。
日本余暇文化協會機縫第一、二、三級、英國刺繡講師證書。
台中市蘋果布工坊拼布教室、台中市大墩社區大學拼布講師。
鑽研機縫拼布十餘年，2006年於台中市成立蘋果布工坊拼布教室，藉經驗傳承培訓機縫師資人員。

歷年著作：
2008.12.1《摺布就是玩花樣兒》
2010.07.16《美麗拼布夾包》
2010年度大陸咔咔手工誌專欄作者
2011.07《娜塔莎的機縫拼布包》
2011-2017 cotton life(6.7.8期)玩布生活專欄作者及不定期發表作品
2012.8出版《人氣夯！來玩支架口金包》
2013.4出版《機縫壁飾與拼布包的超完美共演》(策畫統籌)
2014.1出版《超吸睛！拼布夾包極致版》

手作教室：蘋果布工坊
地址：台中市東區富貴街42號
Tel：04-23603625

作品欣賞請至
Facebook：林素伶
https://www.facebook.com/apple.onlyone?fref=ts

人生若只如初見《來玩支架口金包》

2012年8月《來玩支架口金包》的初版，感謝廣大手作朋友的收錄和喜愛。

合約到期之際，出版社希望本書延續應市，那去蕪存菁及另注入新血則是對讀者的負責態度。內容上仍維持市售常用8、10、13、15、18、10、25及35公分方、弧及半圓等支架口金造型，由此演繹出40款52個提示作品，用布及配色上也儘量以不同風格呈現，希望在這本工具書的引領下，協助大家輕鬆愉快開心地完成作品。

〈千帆過舞風華，轉折竟又高峰〉，轉個彎後所遇見的美好，也許會讓自己的心情大不同，生命也更精彩，這是寫前一本書時的心情。

然〈人生若只如初見〉，這又是一種浪漫、純真的期待。希望自己在創作的過程中，心情能夠永遠年輕，永遠保持著那份容易被感動的初衷。

也祝福所有愛護我的朋友們～

快樂的娜塔莎　林素伶

From 8cm to 35cm，方形、弧型、半圓形；
開心來玩不同口徑的各式支架口金！

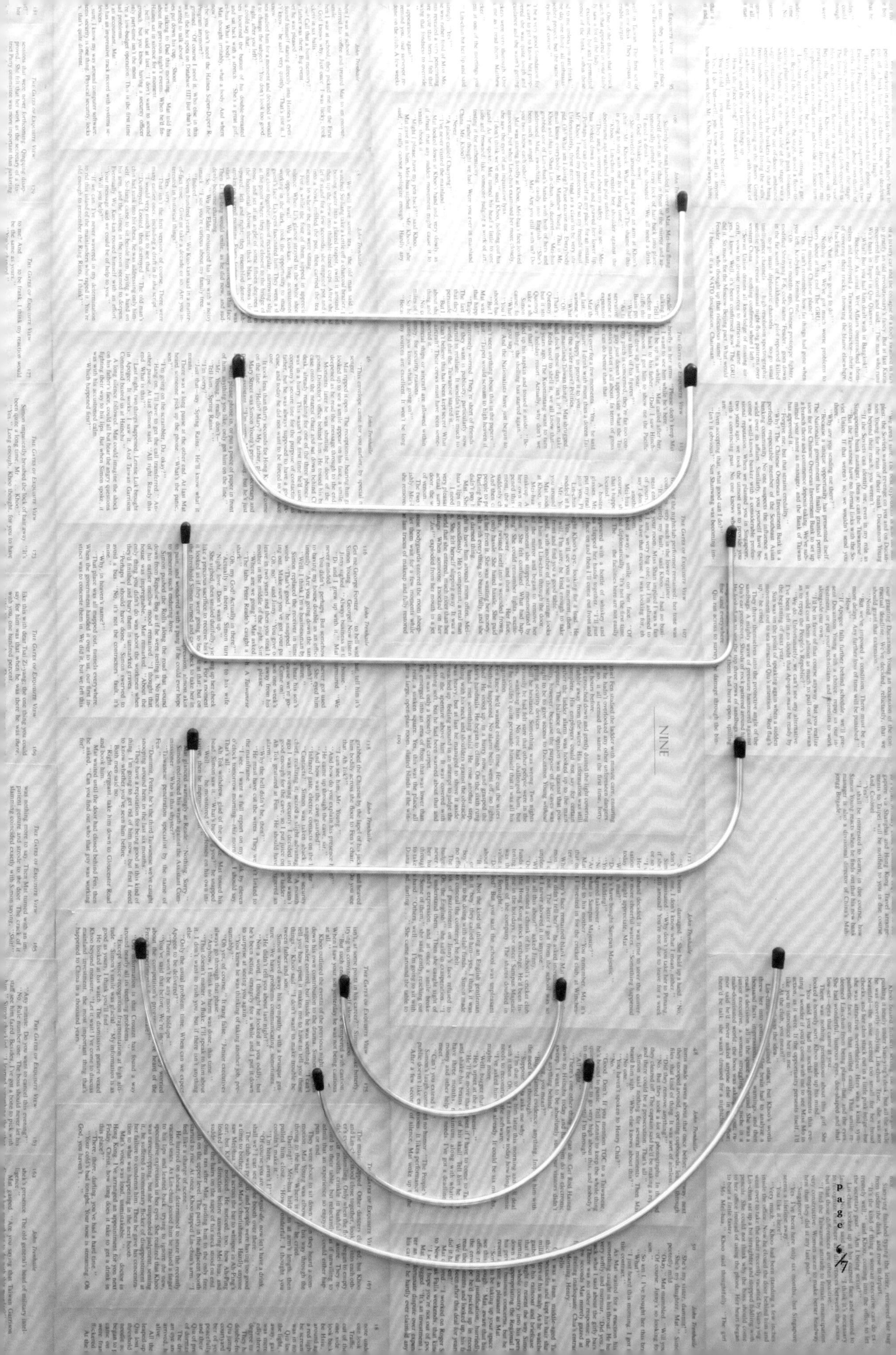

ontents

No.08

謎樣森林
手提包
----- Page p.44 -----

No.09

浪漫宮廷風
口金包
----- Page p.48 -----

No.10

優雅淡定
口金包
----- Page p.54 -----

No.11

童年情懷
口金包
----- Page p.60 -----

No.12

旅行日記
口金包
----- Page p.62 -----

No.13

快樂縫紉
口金包
----- Page p.66 -----

No.14

梔子花開
口金包
----- Page p.70 -----

No.15

球球世界
口金包
----- Page p.74 -----

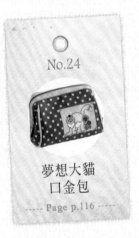

轉個彎，換個思維，
創意隨即如湧泉般滔滔不絕！
早先妳以為就只能是如此的款式，
這次卻玩出了絕對的驚喜。
該怎能來詮釋創意這件事呢？
就讓我們從突破限制框架開始吧！

支 柱 の 口 金

No.01
方圓對稱口金提包
（筆袋）

----- How to Make p.16 -----
支架：20×7cm（方）

大珠小珠載歌載舞，餘音動人尾音裊裊，
踢踏散落花葉之間，暖暖熨燙旅人離愁。

No.01
方圓對稱口金提包（筆袋）

–– 參照原寸紙型 **C** 面 ––

| instructions |

1. 表布
   袋身：25×14cm×2片
   底：25×9.5cm×1片
   側身：22×11cm×2片
   支架口布：3×38cm×4片
   滾邊斜布：4×70cm
   提袋耳：4×10cm
   拉鍊頭尾套子：8×10cm
2. 裡布
   袋身：25×35cm×1片
   側身：22×11cm×2片
3. 拉鍊：40cm×1條
4. 厚襯：70×50cm
5. 薄襯：70×50cm
6. 支架：20×7cm（方）
7. 提帶：1組
8. PE版（薄）：23×30cm

| 完成尺寸：長23cm高11cm底寬7cm |

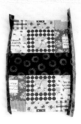

1 表布、底布分別燙上厚襯，組合成為一片。

5 表布兩側，先車上滾邊布一側。

9 製作提袋耳：
4×10cm滾邊器燙後對摺車縫固定。

13 拉鍊口布與袋身組合。

17 縫合返口，完成作品。

2 依袋身紙型裁剪。

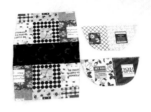

3 側身燙上厚襯，依側身紙型裁下兩片。

4 內裡布燙薄襯，依紙型裁剪袋身和側身。

6 組合兩邊側身。

7 再將另一邊滾邊布車上。

8 內裡組合完成內袋，須預留一返口。

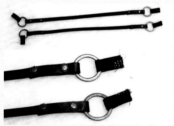

10 裁成5cm×2條，套於提袋兩端。

11 提袋固定於袋身（間距10cm）。

12 製作40cm拉鍊口布（作法見p.187）。

14 外袋與內袋正面對正面，袋口車縫一圈。

15 由返口翻回正面。

16 由返口置入PE板，口布置入支架。

支柱の口金

No.02

春陽片片肩背包

----- How to Make p.20 -----
支架：25×7cm（弧）

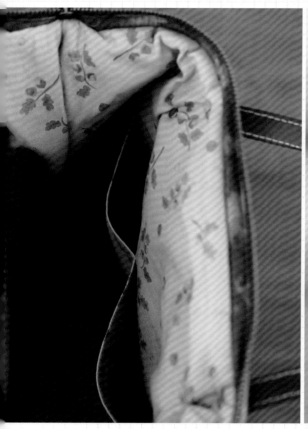

喜歡在春天裡寫詩，
詩在花草間歡樂起舞，
花草搖曳伴隨詩的節奏，
一起融入天地和鳴之中。

No.02

春陽片片肩背包

-- 參照原寸紙型A面 --

| 完成尺寸：長30cm高32cm底寬13cm |

| i n s t r u c t i o n s |

1.表布
　袋身：50×40cm×2片
　底：35×20cm×1片
　支架口布：3×40cm×4片
　包皮繩斜布：3×70cm
　向日葵花布及底布：少許
2.裡布
　袋身：35×90cm
　底布：30×15cm
　開放口袋布：25×40cm
　拉鍊口袋布：25×30cm
3.拉鍊：40cm×1條
　　　　20cm×1條
4.皮繩：70cm
5.薄襯：160×110cm
6.鋪棉：70×110cm
7.支架：25×7cm（弧）
8.提帶：1組
9.PE版：27×12cm
10.拉鍊尾端皮套：1組

| Step by Step |

1 表布分別燙上薄襯，鋪棉，棉後再燙薄襯共四層，開始壓線。

2 壓線完成裁剪為43×34cm×2片。

3 花朵圖案布下方置放兩層布，自由曲線沿花朵線條車縫，最外圍要來回車縫多次。

4 沿花朵外圍剪下。

5 花朵外圍用火燒一下，花朵便不會毛邊。

6 再將花朵固定於袋身表布上。

7 袋身表布製作完成。

8 3cm布包住皮繩沿邊車縫。

9 再將包好的皮繩車縫固定於一片表布兩側。

10 兩片表布左右車縫組合。

11 底布燙上薄襯，鋪棉，棉後再燙薄襯共四層，壓線完成依紙型剪下。

12 底部與袋身組合，結合處撥開用捲針縫，可使包包較挺。

13 製作40cm拉鍊口布（作法見p.187）。

14 拉鍊口布固定於外袋袋口。

15 內裡布燙薄襯，袋身裁43×34cm×2片，一片距邊12cm車開放式口袋、一片距邊10cm車20cm拉鍊口袋（作法見p.189）、及依紙型裁底布。

16 內袋組合完成，側身須預留一返口。

17 內袋與外袋正面對正面，上緣車縫一圈固定。

18 由返口翻回正面，拉鍊兩端縫上皮片。

19 提袋縫於袋身（間距14cm）。

20 縫合返口，完成作品。

支柱の口金

No.03

海底世界後背包

------ How to Make p.24 ------

支架：15cm（半圓）

浩瀚大海自在悠遊，
孤芳自賞瀟灑愜意，
也無憂慮也無愁緒，
短暫一生快樂無比。

No.03
海底世界後背包

-- 參照原寸紙型 **C** 面 --

| instructions |

1.表布
　　袋身：28×30cm×2片
　　外口袋：25×25cm
　　側身：75×15cm
　　支架口布：3×28cm×4片
　　包皮繩斜布：3×150cm
　　拉鍊尾端包布：8×10cm
　　背帶：7×92cm×2片
　　　　　7×10cm×2片
　　提帶：7×16m
2.裡布
　　袋身：25×30cm×2片
　　外口袋內裡：25×25cm
　　側身：75×15cm
3.拉鍊：30cm×1條
4.皮繩：150cm
5.薄襯：120×110cm
6.鋪棉：35×60cm、17×80cm
7.支架：15cm（半圓）
8.織帶：2.5×200cm
9.日形環、D形環：各2個

| 完成尺寸：長23cm高25cm底寬11cm |

1 外口袋表布、裡布（裡布較表布高1cm），分別燙上薄襯。

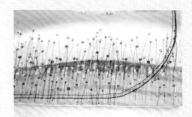

5 在畫線內側0.5cm，車縫一圈。

9 側身布燙上薄襯，鋪棉，棉後再燙薄襯共四層（壓線同表布作法）。

13 翻回正面，穿入2.5cm寬的織帶。

2 表裡正面對正面，上方車縫固定。

3 翻回正面，因裡布較表布高1cm，所以底部對齊上端會露出裝飾紅色布。

4 表布燙薄襯，鋪棉，棉後再燙薄襯共四層，紙型畫上。

6 翻至背面，沿車線將棉剪掉。

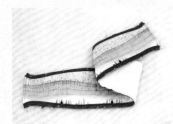

7 再翻至正面沿畫線剪下前後袋身。

8 取前片袋身，將口袋車縫固定。

10 依側身紙型剪下。

11 側身左右兩側出芽裝飾（作法見p.186）。

12 7cm織帶包布對摺車縫後，撥開縫份燙平。

14 穿入織帶後，左右兩側分別車上固定線。

15 尾端多出的布往內摺，車上固定。

16 穿入日形環中間橫桿。

17 包住日形環中間橫桿。

18 7×10cm×2片，一樣方法完成後穿過口形環。

19 長的背帶，穿過口形環，再穿過日形環，完成背帶。

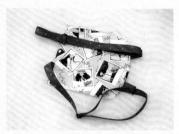

20 背帶固定於後片袋身。

21 有前口袋片上方車上提耳（不穿織帶），袋身與側身組合。

22 製作30cm支架口布（作法見p.187）。

23 支架口布固定於外袋口。

24 內裡燙薄襯依紙型剪下。

25 組合內袋，須預留一返口。

26 內袋套入外袋上緣車縫組合。

27 翻回正面，縫合返口，穿入支架。

28 完成作品。

No.04

流轉幸福肩包（斜背包）

-- 參照原寸紙型A面 --

| 完成尺寸：長23cm高15cm底寬7cm |

1. 表布
   袋身：40×38cm
   支架口布：3×33cm×4片
   提袋耳：4×10cm
   拉鍊兩端套子：8×10cm
2. 裡布
   袋身：40×38cm
3. 拉鍊：35cm×1條
4. 厚襯：40×38cm
5. 薄襯：40×38cm
6. 支架：18×7cm
7. 提帶：1組
8. 小D形環：2個

| Step by Step |

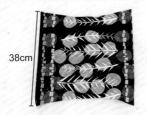

1 表布燙厚薄，依紙型剪下。

2 製作提耳：
4×10cm布，紅色滾邊器燙過後對摺車縫，裁5cm兩段，穿入小D形環。

3 再將完成的掛耳，車縫固定於表布（間距14cm）。

4 對摺左右車縫組合，底部截角7cm，完成外袋。

5 製作35cm口布拉鍊（作法見p.187）。口布拉鍊固定於外袋袋口。

6 內裡燙薄襯，依紙型剪下對摺車縫，須預留一返口，底部截角7cm。

7 內袋套入外袋，上緣車縫固定。

8 由返口翻回正面，勾上提帶，縫合返口，穿入支架。

9 完成作品。

流轉吧，從夜黑到黎明
流轉吧，從春夏到秋冬
日復一日，年復一年，
幸福在愛中不停流轉著。

------------------------ *

支 柱 の 口 金
No.04
流轉幸福肩包
（斜背包）

----- How to Make p.27 -----
支架：18×7cm（方）

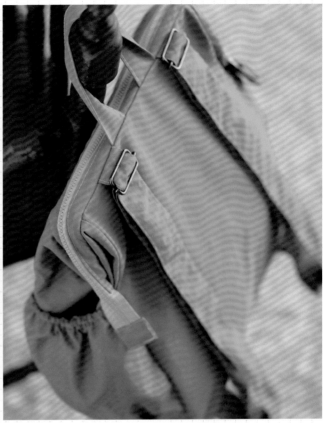

雲飄遠了，剩下那無止盡的渺，
就背負著它流浪吧，
像浮雲般柔瀉千里，呈現最精采的人生。

No.05

流浪詩人後背包

—— 參照原寸紙型B面 ——

| 完成尺寸：長30cm高28cm底寬13cm |

| instructions |

1. 凱爵尼龍防水表布
   袋身：38×33cm×2片
   前口袋：25×33cm
   側身：102×21cm
   側身口袋布：22×44cm×2片
   支架口布：3×43cm×4片
   背帶布：8×100cm×2片
   　　　　8×20cm×2片
   提耳：8 ×25cm
   包邊斜布：3×300cm
   拉鍊尾端套子：8×10cm
2. 拉鍊：25cm×1條
   　　　45cm×1條
3. 支架：25×7cm（方形）
4. 日形環、D形環：各2個
5. 鬆緊帶：12cm×2條
6. 裝飾皮片：1片

| Step by Step |

1 外口袋布依紙型剪下，刺繡機
  繡上喜歡的圖、縫上皮標。

2 上方25cm拉鍊對齊車上一側。

3 翻至正面，沿拉鍊邊車縫一道
  固定線。

4 再將拉鍊另一邊與袋身固定。

5 翻至正面，將口袋與袋身周圍
  車縫固定。

6 側口袋22×44cm×2片，布畫
  中線，鬆緊帶對齊，先固定起
  頭。

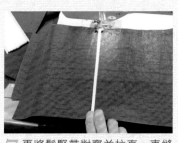

7 再將鬆緊帶對齊並拉直，車縫固定。

8 車縫固定完成便有縐褶產生。

9 底部左右往中線摺入1.5cm，車縫固定。

10 將口袋固定於側身（注意方向）。

11 再將口袋往上翻，固定於側身（如黃線標示），完成側身與口袋組合。

12 背帶製作（作法見p.25），因是防水布故不放入織帶。

13 中間放提耳8×25cm（作法與背帶相同），因是防水布故不放入織帶。

14 側身與前後片袋身組合。

15 接合處接用3cm斜布包邊。

16 製作45cm支架拉鍊口布（作法見p.187）。

17 支架拉鍊口布與袋子組合，接合處3cm斜布包邊。

18 穿入支架。

19 完成作品。

支 柱 の 口 金

No.06

愛戀紫色斜背包

----- How to Make p.36 -----

支架：30×7cm（方）

是閃亮，充滿自信的顏色，
是浪漫，引人垂愛的顏色，
美，只是妳的一種魅力，
但更欣賞妳深度的內涵。

No.06
愛戀紫色斜背包

| instructions |

1.石蠟表布
  袋身（上段）：6×47cm×2片
  袋身（中段）：22×47cm×2片
  袋底：13×47cm
  前口袋：22×47cm
  拉鍊尾端包布：8×10cm
  背帶布：4×20cm×2片
  　　　　4×30cm×2片
  　　　　4×100cm×2片
2.裡布
  袋身：65×50cm
  開放口袋布：20×40cm
  拉鍊口袋布：25×45cm
3.拉鍊：50cm×1條
  　　　20cm×1條
4.薄襯：50×100cm
5.支架：30×7cm（方）
6.日形環：1個
7.D形環：2個
8.PE底板：10×30cm

| 完成尺寸：長34cm高25cm底寬12cm |

| Step by Step |

1 背帶製作：
兩片正面對正面車縫一側，打
開後兩側往內摺約0.5cm。

5 取前口袋布上下摺入日0.5cm
再摺入一次（毛邊才會摺
入），車縫固定。

9 將穿有口形環背帶固定於袋
身。

13 內裡與表布四個角上方
3cm，皆往內摺1cm並車縫
固定。

2 往內摺約0.5cm後再對摺，兩側邊在車縫固定。

3 取30cm、20cm分別穿過口形環尾端車縫固定。

4 取100cm穿過日形環尾端車縫固定。

6 釘上裝飾皮片。

7 袋身與袋底組合，翻回正面接合處車壓一道固定線。

8 再將口袋固定於袋身（下方與底對齊）。

10 兩端在與表布（上段）組合。

11 組合完成。

7cm→　←7cm

12 內裡布分別在距7cm處車上拉鍊口袋（車法見p.189）及開放式口袋。

14 內裡、拉鍊、表布夾車縫固定。

15 另一端用同樣方法夾車縫固定。

16 在裡布與裡布、表布與表布分別左右固定（內裡須預留一返口），四個角皆截角12cm。

 17 截角後多餘的布剪掉。

 18 剪掉截角後多餘的布。

 19 由返口翻回正面，距拉鍊2cm處車一道固定線。（如黃線標示）

 20 穿入背帶、穿入支架。

 21 袋底置入PE板，縫合返口，完成作品。

No.07
自然風系肩背包

--- 參照原寸紙型D面 ---

| 完成尺寸：長35cm高28cm底寬14cm |

1. 表布二色各：35×55cm
   底布：16×40cm
   側身：35×40cm
   支架口布：3×43cm×4片
   包皮繩斜布：3×150cm
   拉鍊二端套子：8×10cm
2. 裡布
   袋身：40×70cm
   側身：35×40cm
   開放口袋布：35×30cm
   拉鍊口袋布：25×40cm
3. 拉鍊：45cm×1條
          20cm×1條
4. 皮繩：150cm
5. 薄襯：150×110cm
6. 鋪棉：75×75cm
7. 支架：25×7cm（方）
8. 提帶：1組
9. PE版：10×33cm
10. 奇異襯：30×30cm

| Step by Step |

1 隨意裁下布片。

2 蓋住右側布車縫固定。

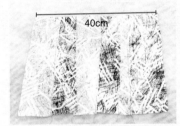

3 組合至要的寬度約40cm。

4 枝幹、葉子、花朵用布皆燙上奇異襯，畫上形狀並剪下。

5 撕下奇異襯。

6 燙於表布（A面）。

7 燙於表布上（B面）。

8 與底部組合。

9 燙上薄襯，鋪棉，棉後再燙薄襯共四層，開始壓線。

10 花朵葉子部分，自由曲線方法壓線。

11 依紙型剪下。

12 兩側車上出芽（作法見p.186）。

13 側身布燙上薄襯，鋪棉，棉後再燙薄襯共四層，開始壓線。

14 依紙型裁下兩片側身。

15 側身與袋身組合。

16 組合處撥開捲針縫，包包會
較挺。

17 製作45cm口布拉鍊（作法
見p.187）與外袋組合。

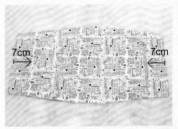

7cm　　　　　　7cm

18 內裡燙薄襯依紙型剪下，距
邊7cm處分別車上開放式口
袋及拉鍊口袋（作法見p.189）。

19 側身內裡燙上薄襯依紙型剪
下，與袋身組合，須預留一
返口。

20 內袋套入外袋，袋口車縫固
定。

21 翻回正面，袋底置入PE版，
縫合返口。

22 拉鍊固定於外袋袋口。

23 完成作品。

一朵朵芬芳的鬱金香
靜默地開在我的心裡
卻讓我時時地想起
它恬淡舒雅的微微馨香

支柱の口金

No.07

自然風系肩背包

------ How to Make p.39 ------
支架：25×7cm（方）

清風吹拂，波光蕩漾，
秋楓夜月，攝人心弦，
讓時間停止吧，
沉浸在無止境的浪漫中。

------------------------------*

支 柱 の 口 金
No.08
謎樣森林手提包

------ How to Make p.46 ------
支架：25×7cm（方）

No.08

謎樣森林手提包

–– 參照原寸紙型 C 面 ––

| instructions |

1. 表布
    袋身（上段）10×45cm×2片
    　　　（下段）19×45cm×2片
    底：15×33cm
    裝飾小布條：3cm×175cm
    支架口布：3×43cm×4片
    拉鍊兩端包釦布：25×6cm
2. 裡布
    袋身：30×90cm
    底布：15×33cm
    開放口袋布25×30cm
    拉鍊口袋布25×35cm×1片
3. 拉鍊：40cm×1條
    　　　20cm×1條
4. 薄襯：150×110cm
5. 支架：25×7cm（方）
6. 提帶：1組
7. PE板：9×28cm
8. 包釦：25mm×4顆

| 完成尺寸：長30cm高24cm底寬11cm |

1 3cm裝飾布條對摺燙平。

5 壓線完成，裁齊為
42.5×26cm×2片。

9 製作40cm口布拉鍊（作法見
p.187）。

13 內袋套入外袋，袋口車縫一
圈固定。

2 固定於下段表布。

3 再與上段表布組合。

4 組合完成，分別燙上薄襯，鋪棉，棉後再燙薄襯共四層，開始壓線。

6 兩片表布左右車縫固定。

7 底布燙上薄襯，鋪棉，棉後再燙薄襯共四層，壓線完成依紙型剪下，外圍車上一圈裝飾布條。

8 底與袋身組合，接合處撥開縫份捲針縫會使包包較挺。

10 口布拉鍊固定於外袋袋口。

11 內裡燙上薄襯，袋身裁齊為42.5×26cm，分別距邊8cm車上拉鍊口袋（作法見p.189）及開放式口袋，底布依紙型剪下。

12 完成內袋組合，須預留一返口。

14 由返口翻回正面，釘上皮帶（間距10cm）。

15 置入PE底板縫合返口，穿入支架。

16 完成作品。

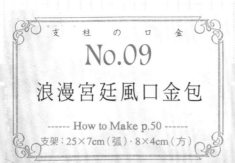

支柱の口金

No.09

浪漫宮廷風口金包

------ How to Make p.50 ------
支架：25×7cm（弧）· 8×4cm（方）

用春天最IN的元素，
剪裁出宮廷風的優雅浪漫，
復古高貴唯美的風格，
讓今春的扮相更加亮眼。

No.09

浪漫宮廷風口金包

-- 參照原寸紙型A面 --

| instructions |

1. 表布袋身前後片上段：40×7cm×2片
   下段：40×21.5cm×2片
   底：40×13.5cm×1片
   側身：40×28cm×1片
   裝飾圖案：1片
   袋身前口袋：19×19cm×2片
   蝴蝶結用布：15×90cm×1片
   包皮繩斜布：3×70cm×2片
   拉鍊兩端裝飾用布：8×20cm

2. 裡布前後片：40×27cm×2片
   底：40×13.5cm×1片
   側身：40×28cm×1片
   袋身前口袋：19×19cm×2片
   開放式口袋：25×30cm
   拉鍊口袋：23×40cm

3. 支架穿入用布：3×18cm×4片
   3×41cm×4片

4. 厚襯：90×110cm
   薄襯：30×110cm

5. 拉鍊：40cm×1條、18cm×2條

6. 支架口金：25×7cm（弧）×1組
   8×4cm（方）×1組

7. 皮繩：140cm×1條

8. PE板：37×10cm×1片

9. 奇異襯與裝飾圖片一樣大

10. 皮帶×1組

完成尺寸：長37cm高24cm底寬13cm

1 袋身前口袋表布19×19cm×2片燙上厚襯、內裡19×19cm×2片燙上薄襯。

5 上下車縫固定。

9 再依紙型裁剪。

2 支架穿入布3×18cm×4片，
與18cm拉鍊組合（做法參照
p.187），拉鍊兩端車上裝飾布
（做法參照p.188）。

表布　表布
裡布
裡布

3 依序表布、拉鍊、裡布夾車於
拉鍊兩側。

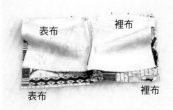

表布　裡布
表布　裡布

4 再將表布對表布，裡布對裡布
排列。

6 由尾端翻回正面。

2cm

7 裁剪為有斜度的口袋。

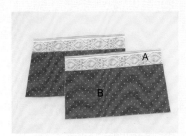

A
B

8 袋身A上段40×7cm×2片，B
下段40×21.5cm×2片，分別
燙上厚襯，再將A＋B組合成前
後袋身。

10 將前口袋車縫固定。

11 口袋內側車一道固定線。

12 另一片表布使用奇異襯方法貼
上裝飾圖（做法參照p.151）。

13 自由曲線將圖案車縫固定。

14 底布40×13.5cm×1片燙厚襯，與前後片袋身組合成為一片。

15 兩側車上皮繩（出芽），裁3×70cm斜布×2片（做法參照p.186）。

16 兩側出芽完成。

17 側身布40×28cm燙厚襯，依紙型剪下兩片。

18 表布與側身組合完成外袋。

19 支架穿入布3×41cm×4片，與40cm拉鍊組合（做法參照p.187），拉鍊兩端車上裝飾布（做法參照p.188）。

20 拉鍊固定於外袋袋口。

21 內裡側身裁40×28cm，燙上厚襯，再依紙型裁剪兩片側身。

22　前後片40×27cm×2片，底40×13.5cm×1片，分別燙上厚襯，依紙型裁齊，再接合成為一片，距邊7cm處開18cm拉鍊口袋（23×40cm燙薄襯），距邊8cm處車開放式口袋（25×30cm燙薄襯）。

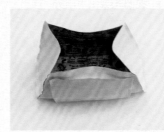

23　袋身與側身組合完成內袋需留一返口。

24　內袋再與外袋正面對正面套入，車縫一圈固定。

25　翻回正面置入ＰＥ板，縫合返口，縫上提帶（間距12cm），穿入口金支架。

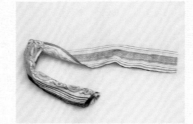

26　蝴蝶結布15×90cm，對摺車縫，再翻回正面。

27　綁上蝴蝶結完成作品。

支 柱 の 口 金

No.10

優雅淡定口金包

------ How to Make p.56 ------

支架：25×7cm（弧）

比起華麗驚喜的容顏，
淳樸自然更優雅綽約，
生活中無需裝模作樣，
海海人生要淡定以對。

No.10

優雅淡定口金包

-- 參照原寸紙型D面 --

| instructions |

1. 表布前後上段：8.5×43 cm×2片
   藍布：19×12.5cm×12片
   格子：19×7.5cm×10片
   底布：35×16cm×1片
   蝴蝶結用布：8×15cm×2片
   包釦用布：10×40cm

2. 裡布前後片：25×42 cm×2片
   底布：35×16cm×1片
   開放式口袋：25×32cm
   拉鍊口袋：23×40cm

3. 支架穿入布：3×41cm×4片

4. 薄襯：110 cm×110cm

5. 鋪棉：30 cm×130cm

6. 拉鍊：18cm×1條、40cm×1條

7. 支架：25×7cm（弧）×1組

8. PE板：12×28cm

9. 包釦：30mm×4顆

10. 2cm提帶：45cm×2條

11. 提帶鉚釘：8顆

| 完成尺寸：長30cm高23cm底寬12cm |

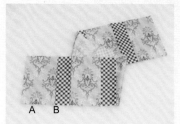

1 A19×12.5cm×12片，B19×7.5cm×10片，交錯接合成為兩片長條布。

5 裙襬摺後完成圖。

9 每個交接處，距上端3cm處，再車一道固定線。

13 前後片袋身與底布組合，完成外袋。

2 背面縫份倒向藍色布。

中 先分 1/2 中
線 再 1/2 的中線 線

3 如圖示畫上記號線，紅線摺向黃線對齊。

4 紅線摺向黃線對齊。

6 上段格子布裁8.5×43cm×2片燙薄襯與下段組合。

3cm

7 每個交接處，距上端3cm處車一道固定線。

8 完成表布鋪棉，棉後再燙薄襯，共四層，上端格子部分使用均勻送布腳壓直線，四周車一圈固定。

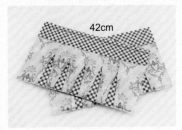

42cm

10 前後片袋身裁齊為42×25cm×2片。

11 裁布35×16cm燙薄襯再鋪棉，棉後再燙薄襯，共四層，壓線。

12 底部再依紙型剪下。

14 支架穿入布3×41cm×4片，與40cm拉鍊組合（做法參照p.187）。

15 拉鍊固定於外袋袋口。

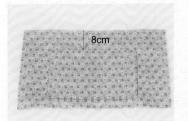

8cm

16 內裡布裁剪25×42cm×2片，燙上薄襯，取一片，距上端8cm處車縫開放式口袋（25×32cm燙薄襯）。

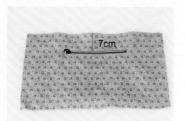

17 取另一片距上端7cm處車上拉
鍊口袋（23×40cm燙薄襯，
做法參照p.189）。

18 底部內裡燙上薄襯 依紙型剪
下。

19 內裡前後片與底布組合，需留
一返口，完成內袋。

20 內袋再與外袋正面對正面套
入，車縫一圈固定。

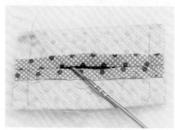

21 裁8×15cm蝴蝶結布，對摺
車縫中間留一小返口，縫份置
中燙開，左右車縫固定。

22 翻回正面，中間縮縫。

23 完成蝴蝶結。

24 翻回正面置入PE板，縫合返
口，拉鍊兩端包釦裝飾（做法
參照p.188），縫上提帶（間
距11cm），穿入支架。

25 前後縫上蝴蝶結裝飾，完成作
品。

No.11
童年情懷口金包

-- 參照原寸紙型D面 --

|完成尺寸：長12cm高8cm底寬4cm|

| instructions |

1. 表布前後片依紙型取圖：2片
   側身：15×20cm×2片
   包釦用布：5×20cm×1片
2. 裡布前後：15×15cm×2片
   側身：15×20cm×2片
3. 支架穿入布：3×19cm×4片
4. 薄襯：30×110cm
5. 鋪棉：20×80cm
6. 拉鍊：18cm×1條
7. 支架：8×4cm（方）×1組
8. 包釦：24mm×4顆

| Step by Step |

1 前後片圖案布兩片，先燙上薄襯，再鋪棉，棉後燙薄襯，共四層，依紙型畫上，沿紙型內側0.5cm處車縫一圈後再沿畫線剪下。

2 側身表布15×20cm×2片，方法同前後片表布。

3 支架穿入布3×19cm×4片，與18cm拉鍊組合（做法參照p.187）。

4 表布前後片與側身組合完成外袋。

5 拉鍊固定於外袋袋口。

6 內裡燙薄襯，依紙型剪下，前後片與側身組合，需留一返口，完成內袋。

7 內袋再與外袋正面對正面套入，車縫一圈固定。

8 翻回正面，縫合返口，拉鍊兩端包釦裝飾（做法參照p.188），穿入支架口金。

9 完成作品。

那一天世界真美麗，
童言稚語歡樂無憂，
儘管小雨淋濕頭髮，
不想撐傘，也不希望天晴。

- *

從一個城市移動到另一個城市，
從一個幸福到擁有很多個幸福，
把握機會放縱自己去完成夢想，
再次體會著青春和感動的滋味。

No.12
旅行日記口金包

| instructions |

1. 表布袋身：A片47×24cm×1片
　　　　　　 B片 47×8cm×1片
　　　　　　 C片47×18cm×1片
　　 底：47×14cm×1片
　　 前口袋：47×19cm×1片
　　 包釦用布：10×40cm
2. 裡布袋身：47×59cm×1片
　　 前口袋：47×17cm×1片
　　 拉鍊口袋：25×35cm
　　 開放式口袋：20×30cm
3. 支架穿入用布：3×46cm×4片
4. 厚襯：100×110cm
　　 薄襯：30×110cm
5. 拉鍊：20cm×1條、45cm×1條
6. 支架：30×7cm（弧）×1組
7. 包釦：30mm×4顆
8. 提帶：1組
9. PE底板：11×30cm

| 完成尺寸：長33cm高23cm底寬12cm |

| Step by Step |

1 前口袋表布47×19cm燙上厚襯、內裡47×17cm燙上薄襯。

5 將前口袋車縫固定於A片上，中間車一分隔線。

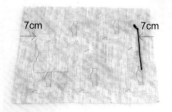

9 內裡裁47×59cm，燙上厚襯，距邊7cm處開拉鍊口袋（25×35cm燙薄襯），距邊7cm處車開放式口袋（20×30cm燙薄襯）。

13 內袋再與外袋正面對正面套入，車縫一圈固定。

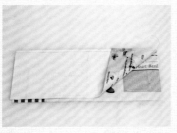

2 兩片接合，內裡較表布短
2cm。

3 翻回正面底布對齊，上端縫份
會往下可減少厚度也較為美
觀。

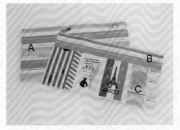

4 袋身A片47×24cm、B片
47×8cm、C片47×18cm，皆
燙厚襯，B與C先組合。

6 底部裁47×14cm燙厚襯，與前
後兩片袋身組合成一片。

7 對摺左右車縫固定。

8 左右截角12cm，剪掉截角多餘
的布。

10 對摺左右車縫固定，左右截角
12cm，剪掉截角多餘的布。

11 支架穿入布3×46cm×4片，
與45cm拉鍊組合（做法參照
p.187）。

12 拉鍊固定於外袋袋口。

14 翻回正面，置入PE板，縫
合返口，縫上提帶（間距
10cm），拉鍊兩端包釦裝飾
（做法參照p.188），穿入支
架。

15 完成作品。

熱情讓生命變得生動，
興趣讓生活變得精彩，
快樂悠遊於縫紉天地，
是人生中另一種的幸福。

支柱の口金

No.13

快樂縫紉口金包

------ How to Make p.68 ------

支架：30×7cm（弧）

x

x

x

x

x

No.13
快樂縫紉口金包

-- 參照原寸紙型A面 --

| instructions |

1. 表布前後片：42×41cm×2片
   側身：22×35cm×2片
   袋蓋：15×30cm×2片
   包皮繩斜布：3×85cm×2片
   袋蓋滾邊布：4×55cm×1片
   包釦用布：10×40cm
2. 裡布袋身：42×80cm×1片
   側身：22×35cm×2片
   拉鍊口袋：25×40cm×2片
   開放式口袋：25×35cm×1片
3. 支架穿入布：3×46cm×4片
4. 厚襯：110×110cm
   薄襯：30×110cm
5. 拉鍊：20cm×2條、45cm拉鍊×1條
6. 支架：30×7cm（弧）×1組
7. 皮繩：85cm×2條
8. 包釦：30mm×4顆
9. 肩背皮帶：1組
10. 雞眼釦：20mm×8顆
11. 活動扣環：4個
12. PE板：12×36cm

| 完成尺寸：長37cm高30cm底寬14cm |

Step by Step

1 裁袋身42×41cm×2片，燙上厚襯再接合成為一片長條，依紙型剪下袋身。

5 袋蓋車上滾邊，並固定於袋身車有拉鍊的那端。

9 內裡側身22×35cm×2片燙厚襯，依紙型剪下兩片側身。

13 內袋再與外袋正面相對套入，車縫一圈固定。

2 左右車上皮繩（出芽）斜布3×85×2片（做法參照p.186）。

3 左右兩側完成出芽。距邊8cm處開20cm拉鍊口袋（燙薄襯，做法參見p.189）。

4 裁袋蓋15×30cm×2片燙厚襯，依紙型剪下，背對背車縫一圈固定。

6 表布側身22×35cm×2片燙厚襯，依紙型剪下兩片側身。

7 袋身與側身組合完成外袋。

8 內裡裁42×80cm，燙上厚襯，距邊7cm處開拉鍊口袋（25×40cm燙薄襯），距邊8cm處車開放式口袋（25×35cm燙薄襯）。

10 內裡袋身與側身組合完成內袋，需留一返口。

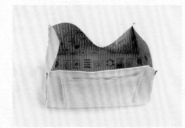

11 支架穿入布3×46cm×4片，與45cm拉鍊組合（做法參照p.187）。

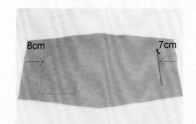

12 拉鍊固定於外袋袋口。

14 翻回正面，置入PE板縫合返口，拉鍊兩端包釦裝飾（做法參照p.188），間距16cm釘上20mm雞眼釦，穿入活動釦環及皮帶，穿入支架。

15 雞眼釦及活動釦環放大圖。

16 完成作品。

支 柱 の 口 金

No.14

梔子花開口金包

------ How to Make p.72 ------

支架：20×7cm（弧）

滿室馨香心曠神怡，
充滿幸福甜美味道，
像純潔無瑕的新娘，
迎接幸福夏季到來。

No.14

梔子花開口金包

-- 參照原寸紙型C面 --

| instructions |

1. 表布花布：40×60cm
   直條紋布：60×55cm
   蝴蝶結布：18×30cm
   蝴蝶結固定布：4×6cm
   包釦用布：10×40cm
2. 裡布：45×110cm
3. 支架穿入布：3×35cm×4片
4. 薄襯：110×110cm
5. 鋪棉：45×60cm
6. 拉鍊：15cm×1條、35cm×1條
7. 支架：20×7cm（弧）×1組
8. 包釦：30mm×4顆
9. 2cm皮帶：30cm×2條
10. 鉚釘：8顆
11. PE板：8×22cm

| 完成尺寸：長25cm高18cm底寬9cm |

1 A：16×30cm×2片、B：9×30cm×2片，分別組合完成，燙上薄襯。

5 表布前後片與側身組合完成外袋。

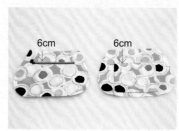

9 取一片距邊6cm開15cm拉鍊口袋，布裁20×32cm燙薄襯（做法參照p.187），另一片車上開放式口袋，裁布17×26cm燙薄襯。

13 翻回正面，置入PE板，縫合返口釘上皮帶（間距8cm），拉鍊兩端包釦裝飾（做法參照p.188），穿入支架口金。

2 再鋪棉，棉後燙薄襯，共四層，開始壓線。

3 C：16×22cm×2片、D：34.5×22cm×1片，組成為側身一片燙上薄襯，再鋪棉，棉後燙薄襯，共四層，開始壓線。

4 依紙型剪下，完成前後袋身及側身。

6 接合處撥開以捲針縫（包包會較挺）。

7 支架穿入布3×35cm×4片，與35cm拉鍊組合（做法參照p.187）。

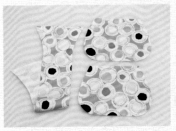

8 內裡布燙上薄襯再依紙型剪下。

10 內裡前後片與側身組合，需預留一返口，完成內袋。

11 拉鍊固定於外袋袋口。

12 內袋再與外袋正面相對套入，車縫一圈固定。

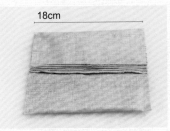

18cm

14 裁蝴蝶結布18×30cm，對摺車縫中間留一小返口，縫份置中燙開，左右車縫固定。

15 翻回正面，中間縮縫。裁4×6cm紅色滾邊器燙過，作為蝴蝶結固定帶。

16 縫上蝴蝶結，完成作品。

支 柱 の 口 金

No.15

球球世界口金包

------ How to Make p.76 ------

支架：15×7cm（半圓）

圓圓、小小、彈性、有趣的球，
陪伴我度過了童年的歡樂時光，
期許待人處事能圓滿像一顆球。

No.15
球球世界口金包

--- 參照原寸紙型C面 ---

| instructions |

1. 表布前後片：40×25cm×2片
   側身：11×70 cm×1片
   拉鍊兩端裝飾布：8×10cm×1片
2. 裡布前後片：40×25 cm×2片
   側身：11×70cm×1片
3. 支架穿入布：3×27cm×4片
4. 薄襯：110×110cm×1片
5. 鋪棉：45×90cm
6. 拉鍊：30cm×1條
7. 半圓支架：15×7cm×1組
8. 2cm皮帶：33cm×2條
9. 鉚釘：8顆

| 完成尺寸：長20cm高20cm底寬7cm |

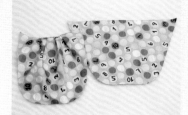

1 表布40×25cm×2片，先燙上薄襯，依紙型剪下，再依紙型打摺記號往內打摺。

5 沿內側0.5cm車縫一圈，沿畫線剪下，完成側身。

9 內裡前後片袋身與側身組合，需預留一返口，完成內袋。

13 翻回正面，釘上提帶，間距12cm。

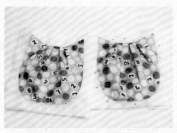

2 鋪棉，棉後燙薄襯，共四層。

3 沿內側0.5cm處車縫一圈，沿畫線剪下，完成前後片袋身。

4 側身表布11×70cm×1片，先燙上薄襯，依紙型剪下，鋪棉，棉後燙薄襯，共四層。

6 前後片袋身與側身，組合完成外袋。

7 內裡燙薄襯，依紙型剪下前後片袋身，依打摺記號打摺。

8 裁內裡側身燙薄襯。

10 支架穿入布3×27cm×4片，與30cm拉鍊組合（做法參照p.187），兩端車上裝飾布（做法參照p.188）。

11 拉鍊固定於外袋袋口。

12 內袋再與外袋正面對正面套入，車縫一圈固定。

14 縫合返口，穿入支架口金。

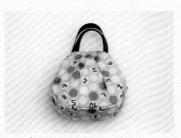

15 完成作品。

支 柱 の 口 金

No.16

法式香頌口金包

------ How to Make p.80 ------

支架：30×7cm（弧）

繽紛浪漫的街景行道，
輕吟復刻經典之香頌，
像瓶風味獨特的香水，
高貴淡雅又底蘊渾厚。

No.16

法式香頌口金包

-- 參照原寸紙型D面 --

| instructions |

1. 表布（灰）袋身前後片：26×32cm×2片
   前後口袋（花）：30×32cm×2片
   底（灰）：15×50cm×1片
   側邊（灰）：15×50cm×2片
   包釦用布：10×40cm
2. 裡布前後片：47×58cm×1片
   前後口袋：30×32cm×2片
   拉鍊口袋：23×36cm×1片
   開放式口袋：23×30cm×1片
3. 支架穿入布：3×48cm×4片
4. 薄襯：150×110cm
5. 鋪棉：50×100cm
6. 拉鍊：55cm×1條、18cm×1條
7. 支架：30×7cm（弧）×1組
8. 包釦：30mm×4顆
9. PE板：11×32cm
10. 提帶：1組

完成尺寸：長33cm高24cm底寬11cm

| Step by Step |

1 前後口袋30×32cm×2片，先燙上薄襯再鋪棉，棉後再燙薄襯，共四層，以自由曲線壓縫圖案。

5 兩片接合，內裡較表布短1cm，翻回正面底布對齊，上端縫份會往下可減少厚度且較為美觀。

9 袋身依紙型裁齊前後兩片、側身依紙型裁齊左右各兩片。

2 依紙型裁剪兩片前後口袋。

3 內裡燙薄襯依紙型裁剪兩片再裁短1cm，完成前後口袋內裡。

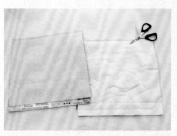

4 兩片接合，將縫份外鋪棉剪掉。

6 完成兩片前後口袋。

7 袋身26×32cm×2片，燙薄襯再鋪棉，棉後再燙薄襯，共四層，壓線。

8 側身15×50cm×2片、底部15×50cm燙薄襯再鋪棉，棉後再燙薄襯，共四層，最後壓線。

10 將口袋先與袋身固定。

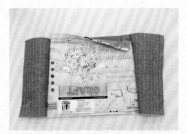

11 再將左右側身接合。

12 底布裁齊為13.5×48cm，與袋身接合。

13 接合的縫份撥開以捲針縫，可使包包較挺。

14 對摺左右車縫後截角12cm，將截角後多餘的棉剪掉，完成外袋。

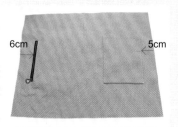

6cm   5cm

15 內裡裁47×58cm後燙上薄襯，距邊6cm處開拉鍊口袋（23×36cm燙薄襯，做法參見p.189），距邊5cm處車開放式口袋（23×30cm燙薄襯）。

16 對摺左右車縫固定，左右截角12cm，剪掉截角多餘的布，完成內袋。

17 支架穿入布3×48cm×4片，與55cm拉鍊組合（做法參照p.187）。

18 拉鍊固定於外袋袋口。

19 內袋再與外袋正面相對套入，車縫一圈固定。

20 翻回正面，置入PE底板，縫合返口，拉鍊兩端包釦裝飾（做法參照p.188），縫上提帶，間距11cm，穿入支架。

21 完成作品。

No.17

動物樂園口金包

-- 參照原寸紙型B面 --

|完成尺寸：長36cm高22cm底寬12cm|

1. 表布前後片袋身：52×27cm×2片
   底布：38×15cm×1片
   前後片縐褶口袋：20×110cm×2片
   口袋滾邊：4×50cm×2片
   提帶布：8×90cm×2片
   拉鍊兩端裝飾用布：8×10cm

2. 裡布前後片袋身：48×25cm×2片
   前後片縐褶口袋：19×48cm×2片
   底布：38×15cm×1片
   拉鍊口袋：25×36cm×1片
   開放式口袋：30×36cm×1片

3. 支架穿入布：3×46cm×4片

4. 薄襯：140×110cm

5. 鋪棉：50×150 cm

6. 拉鍊：20cm×1條
        50cm×1條

7. 支架：30×7cm（方）×1組

8. 織帶：3cm×90cm×2條

9. PE底板：12cm×34cm

| Step by Step |

1 裁花布20×110cm×2片不要
燙襯，使用縐褶壓布腳車出縐
褶（做法參照p.170）。

2 完成兩片縐褶布，並調整至
48cm。

3 置放鋪棉上，鋪棉下方燙薄
襯，整平後以珠針固定四周。

4 均勻送布腳車縫四周固定一
圈。

5 裁齊為19×48cm，並裁後背布
19×48cm，燙薄襯與縐褶口袋
布固定四周一圈。

6 上緣滾邊。

7 袋身裁布52×27cm×2片，燙
薄襯再鋪棉，棉後再燙薄襯，
共四層，最後壓線。

8 裁齊為48×25cm×2片。

9 將口袋固定於袋身上，完成前
後片袋身。

10 裁底布38×15cm×1片，燙
薄襯再鋪棉，棉後再燙薄襯，
共四層，最後壓線。

11 袋底依紙型剪下。

12 提帶布8×90cm×2片，對摺
車縫後撥開縫份燙平。

13 翻回正面，穿入3cm織帶。

14 兩側距邊0.5cm處車縫固定。

15 完成提帶固定於袋身上，間
距14cm，靠近袋口處5cm不
車，方便車袋口的拉鍊。

16 袋身與袋底組合，完成外袋。

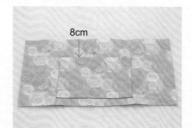

17 內裡布裁剪48×25cm×2
片，燙上薄襯，取一片
距離8cm車上開放式口袋
（30×36cm燙薄襯）。

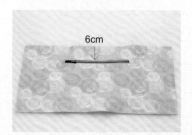

18 取另一片距邊6cm處車上拉鍊
口袋（25×36cm燙薄襯，做
法參照p.189）。

19 底部內裡燙上薄襯再依紙型剪下。

20 內裡前後片與底布組合,需留一返口,完成內袋。

21 支架穿入布3×46cm×4片,與50cm拉鍊組合(做法參照p.187),拉鍊兩端車上裝飾布(做法參照p.188)。

22 拉鍊固定於外袋袋口。

23 內袋再與外袋正面相對套入,車縫一圈固定。

24 翻回正面置入PE底板,縫合返口,置入支架口金。

25 完成作品。

支 柱 の 口 金

No.17

動物樂園口金包

------ How to Make p.83 ------
支架：30×7cm（方）

伸長脖子引領仰望，
總先找到希望綠洲，
但卻不忘呼朋引伴，
因分享比獨享快樂。

-----------------------------*

支 柱 の 口 金

No.18

粉紅心情口金包

------ How to Make p.90 ------
支架：25×7cm（方）

早晨快樂開始，晚上煩惱結束，
晴天心情燦爛，雨天沖去煩憂，
無論早晚晴雨，快樂過每一天。

No.18

粉紅心情口金包

-- 參照原寸紙型B面 --

| instructions |

1. 點點表布前後片袋身：36×25cm×2片
   前口袋底部：22×20cm×1片
   側身：75×17cm×1片
   粉紅表布前口袋：40×31cm×1片
   蝴蝶結帶子：4×45cm×2片
   包皮繩斜布：3×75cm×2片
   包釦用布：10×40cm

2. 裡布前後片袋身：36×25cm×2片
   側身：75×16cm×1片
   拉鍊口袋：20×34cm
   開放式口袋：22×34cm

3. 支架穿入布：3×40cm×4片

4. 薄襯：150×110cm
   厚襯：40×15cm

5. 鋪棉：50×80cm×1片

6. 拉鍊：15cm×1條、45cm×1條

7. 支架：25×7cm（方）×1組

8. 包釦：30mm×4顆

9. 皮繩：150cm

10. 提帶：1組

完成尺寸：長31cm高21cm底寬10cm

| Step by Step |

1 裁前口袋40×31cm，前半段燙
   厚襯，對摺燙平。

5 前口袋底布22×20cm，先燙
   上薄襯，再鋪棉，棉後燙薄
   襯，共四層，最後壓線。

9 將前口袋與蝴蝶結帶子固定於
   前口袋底布上。

2 對摺端車一道固定線，下端依紙型打摺記號打摺車縫固定。

3 袋身表布36×25cm×2片，先燙上薄襯，再鋪棉，棉後燙薄襯，共四層，最後壓線。

4 先依紙型畫上，再依紙型剪下前後片袋身。

6 依紙型剪下前片口袋底部。

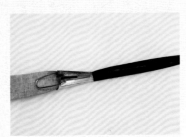

7 裁蝴蝶結帶子4×45cm×2片，使用紅色滾邊器燙過。

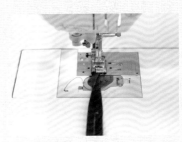

8 對摺車縫。

10 再與前片袋身正面對正面組合，翻至正面車壓一圈固定線。

11 組合完成圖。

12 車縫皮繩（出芽），裁3×75cm×2片斜布（做法參照p.186）。

13 袋身兩片完成出芽。

14 側身布裁75×17cm，先燙上薄襯，再鋪棉，棉後燙薄襯，共四層，壓線完成依紙型剪下側身。

15 支架穿入布3×40cm×4片，與45cm拉鍊組合（做法參照p.187）。

16 前後袋身與側身組合完成外袋，拉鍊固定於外袋袋口。

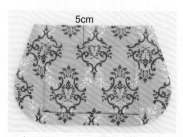

5cm

17 內裡布燙上薄襯 依紙型剪下前後片袋身，取一片在距邊5cm處車上開放式口袋（22×34cm燙薄襯）。

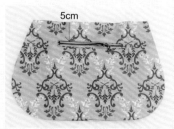

5cm

18 取另一片距邊5cm處車上拉鍊口袋（20×34cm燙薄襯，做法參照p.189）。

19 內裡前後片與側身組合，需預留一返口，完成內袋。

20 內袋再與外袋正面對正面套入，車縫一圈固定。

21 翻回正面，縫合返口，縫上提帶（間距12cm），拉鍊兩端包釦裝飾（做法參照p.188），穿入支架口金。

22 完成作品。

No.19

滿天星星口金包

-- 參照原寸紙型B面 --

|完成尺寸：長31cm高18cm底寬5cm|

| instructions |

1. 表布前後片：38×23cm×2片
   側身：69cm×7.5cm×1片
   裝飾花（大）：16×16cm×2片
   　　　　（小）：10×10cm×2片
   包釦用布：5×20cm×1片
   花心包釦用布：5×5cm×1片
2. 裡布前後片：38×23cm×2片
   側身：69×7.5cm×1片
3. 支架穿入布：3×27cm×4片
4. 薄襯：90×110cm
5. 鋪棉：45×90cm
6. 拉鍊：30cm×1條
7. 提帶：30cm×1組
8. 裝飾蕾絲：1片
9. 包釦：24mm×4顆、20mm×1顆
10. 半圓支架：15×7cm×1組
11. 提帶鉚釘：8顆

| Step by Step |

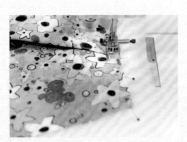

1 表布38×23cm×2片，先燙上薄襯，依紙型剪下。

2 依紙型打摺記號往外打摺。

3 鋪棉，棉後燙薄襯，共四層。

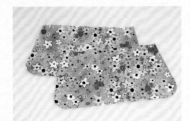

4 沿內側0.5cm處車縫一圈。

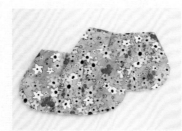

5 沿表布邊剪下，完成前後片袋身。

6 側身表布69cm×7.5cm×1片，先燙上薄襯。

7 鋪棉，棉後燙薄襯，共四層。

8 沿內側0.5cm處車縫一圈，沿表布邊剪下，完成側身。

9 前後片袋身與側身組合，完成外袋。

10 內裡燙薄襯，依紙型剪下前後片袋身（依打摺記號打摺），及側身69×7.5cm。

11 內裡前後片袋身與側身組合，需留一返口，完成內袋。

12 支架穿入布3×27cm×4片，與30cm拉鍊組合（做法參照p.187）。

13 拉鍊固定於外袋袋口。

14 內袋再與外袋正面對正面套入，車縫一圈固定。

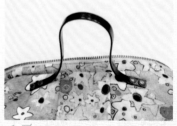

15 翻回正面，釘上提帶，間距11cm。

16 縫合返口，拉鍊兩端包釦裝飾（做法參照p.188），穿入支架。

17 完成袋子。

18 裝飾花（小）10×10cm×2片，正面對正面，於布背面畫上8cm直徑圓並沿著圓圈車縫一圈。

19 沿圓圈車縫線外圍留約0.5cm縫份後剪下。

20 取上片中心剪十字為返口。

21 翻回正面，中心直徑約3cm縮縫，完成小花。

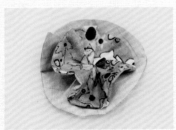

22 裝飾花（大）16×16cm×2片，依一樣製作方法完成大花。

23 大小花重疊縫合固定，並縫上蕾絲裝飾固定於包包上，完成作品。

支 柱 の 口 金

No.19

滿天星星口金包

------ How to Make p.93 ------

支架：15×7cm（半圓）

滿天星星閃耀，
相遇只是偶然，
年輕不會重來，
惜握手中幸福。

泥地裡散發出芬芳的香味，
不是來自大城市裡的珍寶，
不是價格昂貴稀有的香料，
是栽種玫瑰後的冷冽餘香。

支 柱 の 口 金
No.20
心靈之花口金包

------ How to Make p.100 ------

支架：15×6cm（方）

No.20

心靈之花口金包

| instructions |

1. 表布依圖示尺寸裁剪
   提帶：6×28cm×2片
   包釦用布：5×20cm
2. 裡布：30×33cm×1片
3. 支架穿入布：3×29cm×4片
4. 薄襯：40×110cm
   厚襯：6×60cm
5. 鋪棉：35×40cm
6. 拉鍊：30cm×1條
7. 支架：15×6cm（方）×1組
8. 包釦：24mm×4顆

| 完成尺寸：長20cm高12cm底寬7cm |

| Step by Step |

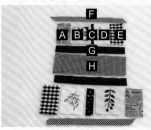

1 A：7×11cm×2片；B：11×11cm×2片；C：3×11cm×2片；D：9×11cm×2片；E：8×11cm×2片；G：32×3.5cm×2片；H：32×9.5cm先接合成為一片，F：32×3cm×2片備用。

5 再與F布組合，燙上薄襯，再鋪棉，棉後燙薄襯，共四層。

9 拉鍊置中，表布與裡布正面對正面與拉鍊夾車。

13 剪掉截角多餘的布。

2 提帶布6×28cm×2片，燙厚襯對摺車縫後撥開縫份燙平。

3 翻至正面，左右各車縫一道固定線，完成提帶。

4 提帶固定，間距8cm。

6 使用均勻送布腳依格子壓直線，曲線壓腳壓圖案。

33cm

7 壓線完成裁齊為30×33cm。

8 支架穿入布3×29cm×4片，與30cm拉鍊組合（做法參照p.187）。

10 表布與裡布另一邊與拉鍊另一側夾車。

返口

11 表布與表布、裡布與裡布對齊車縫固定並預留一返口。

12 四邊各截角8cm。

14 由返口翻回正面，縫合返口，拉鍊兩端包釦裝飾（做法參照p.188）。

15 置入支架。

16 完成作品。

支柱の口金
No.21
時尚雜貨口金包
----- How to Make p.104 -----
支架：35×16cm（半圓）

用低價高品質取代浮華的消費，
以平價時尚創造使用的幸福感，
打造豐厚內涵的精緻人文生活，
就是雜貨風潮的創意流行概念。

No.21

時尚雜貨口金包

–– 參照原寸紙型A面 ––

| instructions |

1. 表布文字布：105×110cm×1片
   點點布：30×55cm
   包皮繩斜布：3×36cm×4片
   拉鍊兩端裝飾用布：8×10cm
2. 裡布120×110cm×1片
3. 支架穿入布：3.5×56cm×4片
4. 鋪棉90×110cm
5. 薄襯180×110cm
6. 拉鍊20cm×1條
   雙頭拉鍊55cm×1條
7. PE底板：18×30cm×1片
8. 支架口金：35×16cm（半圓）×1組
9. 肩背提帶：1組
10. 裝飾大皮釦：2顆
11. 皮繩：150cm

| 完成尺寸：長40cm高30cm底寬20cm |

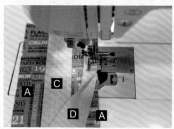

1 灰色英文字A4×48cm×4片、B21×48cm×4片、米底藍點C5×48cm×2片、D3.5×48cm×4片，A布接合於C布左右，D布對摺再與A布接合。

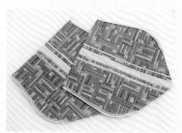

5 側身布25×55cm×2片，燙平後鋪棉，棉後再燙薄襯，共三層（因布較厚所以三層即可）開始壓線。

9 完成出芽裝飾。

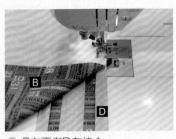

2 B布再與D布接合。

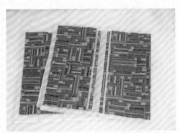

3 接合完成兩片，燙平後鋪棉，棉後再燙薄襯，共三層（因布較厚所以三層即可）開始壓線。

4 壓線完成依紙型剪下前後兩片袋身。

6 壓線完成依紙型剪下左右兩片側身。

7 車縫皮繩（出芽），（3×33cm×4片斜布，做法參照p.186）。

8 出芽固定於表布袋身前後片。

10 袋身前後兩片與左右兩片側身組合，完成外袋。

11 組合的縫份撥開以捲針縫，可使包包更挺。

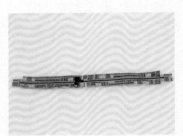

12 支架穿入布3.5×56cm×4片，與55cm雙頭拉鍊組合（做法參照p.187）。

13　拉鍊固定於外袋袋口。

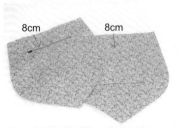

14　內裡裁100×48cm，燙上薄襯，依紙型剪下兩片袋身，一片距邊8cm處開拉鍊口袋（25×40cm燙薄襯），一片距邊8cm處車開放式口袋（20×40cm燙薄襯）。

15　內裡裁55×55cm，燙上薄襯，依紙型剪下兩片側身。

16　袋身前後兩片與左右兩片側身組合，完成內袋，需預留一返口。

17　內袋再與外袋正面對正面套入，車縫一圈固定。

18　由返口翻回正面置入PE板，縫合返口，拉鍊兩端車上裝飾布（做法參照p.188）釘上提帶（間距22cm）。

19　釘上提帶放大圖，注意是將布抓起一起釘。

20　置入支架。

21　完成作品。

No.22
陽光花語口金包

| 完成尺寸：長26cm高17cm底寬12cm |

1. 表布：34.5×21cm×4片
   拉鍊裝飾用布：8×20cm
   裝飾花：8×110cm×2片
   包皮繩斜布：3×155cm×1片
   提帶固定布：4×20cm
2. 裡布：34.5×40.5cm×2片
3. 支架穿入用布：3×33cm×8片
4. 厚襯：65×110cm
5. 拉鍊：35cm×2條
6. 支架：18×7cm（方）×2組
7. 皮繩：155cm×1條
8. 提帶：1組

| Step by Step |

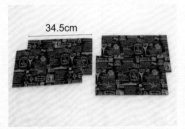

1 袋身表布34.5×21cm×4片，分別燙上厚襯。

2 裁剪斜布3×155cm，包住皮繩使用串珠壓腳（針位需調至右針位）車縫。

3 或使用拉鍊壓腳車縫。

4 將包好的皮繩使用拉鍊壓腳或串珠壓腳，車縫固定於袋身兩側。

5 兩片袋身完成皮繩（出芽）固定。

6 裁8×110cm×2片結合成一長條，對摺車縫後翻回正面。

7 由外圍開始繞，並以錐子協助打摺。

8 一邊打摺一邊車縫固定。

9 繞至中心點再以手縫固定數針。

10　花朵完成圖。

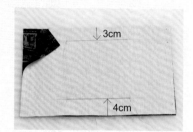

↓3cm

↑4cm

11　兩片未車縫皮繩的表布，正面對正面如圖示位置車縫長度14cm固定。

12　再與車有花朵的表布組合。

13　完成圖組合。

14　底部截角6cm，剪掉截角後多餘的布。

15　翻回正面。

16　取最後一片表布蓋上組合。

17　組合完成後截角6cm，剪掉截角後多餘的布。

18　翻回正面。

19　皮帶固定布裁4×20cm對摺車縫，裁成四小段，撥開縫份燙平，翻回正面對摺燙平。

20　固定於皮帶尾端。

21　再將皮袋固定於袋身，間距12cm。

 22 支架穿入布3×33cm×8片，與35cm拉鍊組合（做法參照p.187）製作兩組，拉鍊兩端車上裝飾布（做法參照p.188）。

 23 拉鍊固定於外袋袋口。

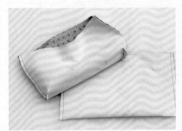 24 內裡裁34.5×40.5cm×2片，燙上厚襯，對摺左右車縫需留返口，底部截角6cm，完成兩個內袋。

 25 取一內袋與外袋正面對正面套入，車縫一圈固定。

 26 由返口翻回正面圖。

 27 再由車縫拉鍊的一邊翻至背面包住所有袋身。

 28 再取另一組拉鍊固定於外袋袋口。

 29 再取另一內袋與外袋正面相對套入，並車縫一圈固定。

 30 由返口翻回正面，並縫合返口。

 31 置入支架。

 32 完成作品。

支 柱 の 口 金

No.22

陽光花語口金包

------ How to Make p.107 ------

支架：18×7cm（方）

陽光下的非洲菊只有十七歲，
屬於青春獨有開朗微笑的美，
隨心所欲的綻放卻熱鬧繽紛。

支柱の口金

No.23

美麗人生口金包

----- How to Make p.114 -----

支架：20×7cm（弧）

因緣而邂逅，
因情而感動，
因愛而相守，
因信而美麗。

No.23

美麗人生口金包

-- 參照原寸紙型A面 --

| 完成尺寸：長23cm高17cm底寬10cm |

| instructions |

1. 表布前後片袋身：37×22cm×2片
   前後片口袋：37×25cm×2片
   底布：37×14cm×1片
   包釦用布：5×20cm

2. 裡布前後片袋身：37×22cm×2片
   前後片口袋：37×25cm×2片
   底布：37×14cm×1片

3. 支架穿入布：3×34cm×4片

4. 薄襯：60×110cm
   厚襯：45×110cm

5. 鋪棉：25×110cm

6. 拉鍊：35cm×1條

7. 支架：20×7cm（弧）×1組

8. PE底板：20×10cm

9. 包釦：24mm×4顆

10. 提帶：1組

| Step by Step |

1 表布37×22cm×2片，燙上薄襯再鋪棉，棉後燙薄襯，共四層，自由曲線完成壓線。

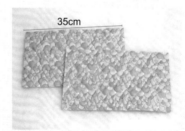

2 前後片袋身裁齊為35×20.5cm共兩片。

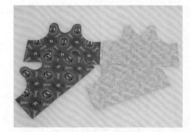

3 前後片口袋表布及裡布各兩片，燙厚襯後再依紙型剪下。

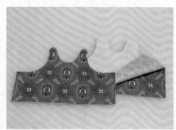

4 表裡布正面相對車縫固定（底布不固定）在轉彎處剪牙口，由底部翻回正面。

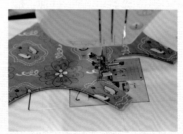

5 沿邊再車縫固定線。

6 完成口袋與袋身組合。

7 底布37×14cm×1片，燙上薄襯再鋪棉，棉後燙薄襯，共四層，以自由曲線壓線完成，裁齊為35×12.5cm。

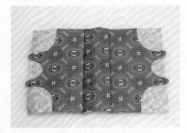

8 底部與前後袋身組合。

9 對摺車縫後截角11cm，剪掉截角多餘的布，完成外袋。

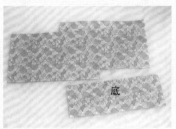

10 內裡布燙上薄襯裁齊為35×20.5cm×2片，底部燙襯裁齊為35×12.5cm。

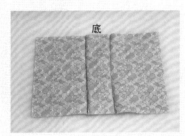

11 組合成為一片。

12 對摺車縫需留一返口，底部截角11cm，剪掉截角後多餘的布，完成內袋。

13 支架穿入布3×34cm×4片，與35cm拉鍊組合（做法參照p.187）。

14 拉鍊固定於外袋袋口。

15 內袋再與外袋正面相對套入，並車縫一圈固定。

16 翻回正面，置入PE底板，縫合返口，縫上提帶，穿入支架。

17 完成作品。

關於夢想，我們總是一步一步靠近，
不實現、不接近，夢想只會是空想，
趁著還年輕有勁時，努力去追求吧！

支 柱 の 口 金

No.24

夢想大貓口金包

----- How to Make p.118 -----

支架：15×6cm（方）

No.24

夢想大貓口金包

-- 參照原寸紙型C面 --

| instructions |

1. 表布袋身：36×20cm×1片
   側身：40×15cm×1片
   小貓圖約：5×5cm×1片
   大貓圖約：6×10cm×1片
   包釦用布：5×20cm

2. 裡布袋身：36×20cm×1片
   側身：40×15cm×1片

3. 支架穿入布：3×29cm×4片
   包皮繩斜布：3×36cm×2片

4. 厚襯：40×110cm

5. 拉鍊：30cm×1條

6. 支架：15×6cm（方）×1組

7. 奇異襯：15×15cm

8. 皮繩：36cm×2條

9. 包釦：24mm×4顆

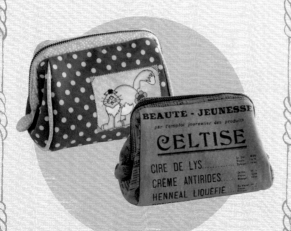

| 完成尺寸：長17cm高12cm底寬10cm |

1 袋身表布36×20cm×1片與側身表布40×15cm×1片，分別燙上厚襯，再依紙型裁剪。

5 將包好的皮繩使用拉鍊壓腳或串珠壓腳，車縫固定於袋身兩側。

9 支架穿入布3×29cm×4片，與30cm拉鍊組合（做法參照p.187）。

13 翻回正面，縫合返口，穿入支架口金。

2 使用奇異襯方法（做法參照p.151）將貓圖案貼於袋身，圖案於邊緣處車上毛邊繡。

3 表布袋身及側身裁剪完成。

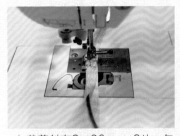

4 裁剪斜布3×36cm×2片，包住皮繩使用拉鍊壓腳或串珠壓腳（針位需調至右針位，車縫做法參照p.186）。

6 注意兩端皆往外固定。

7 完成袋身兩側皮繩（出芽）固定。

8 袋身與側身組合完成外袋。

10 拉鍊固定於外袋袋口。

11 內裡燙薄襯，依紙型剪下，袋身與側身組合，需預留返口，完成內袋。

12 內袋再與外袋正面相對套入，車縫一圈固定。

14 完成作品。

推開窗戶仰望白雲，
全是一片悠然自在，
隨著思緒一起悠遊，
感情世界放任翱翔。

支柱の口金

No.25

窗前女孩口金包

------ How to Make p.122 ------

支架：20×7cm（方）

No.25

窗前女孩口金包

-- 參照原寸紙型D面 --

| instructions |

1. 表布依圖示標示裁剪
   包釦用布：5×20cm×1片
2. 裡布：35×40cm×1片
3. 支架穿入用布：3×36cm×4片
4. 厚襯：35×80cm
5. 拉鍊：35cm×1條
6. 支架：20×7cm（方）×1組
7. 包釦：24mm×4顆

| 完成尺寸：長20cm高11cm底寬8cm |

| Step by Step |

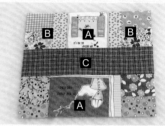

1 A 21.5×13cm×2片；B 10×13cm×4片，組合成為上下兩片，再與底布 C38.5×10cm×1分別燙上厚襯，再接合成為一片。

5 拉鍊置中，表布與裡布正面對正面與拉鍊夾車。

9 由返口翻回正面，並縫合返口，拉鍊兩端以包釦裝飾（做法參照p.188），最後再置入支架。

2 依紙型裁剪袋身表布。

3 內裡35×40cm燙上厚襯，再依紙型裁剪。

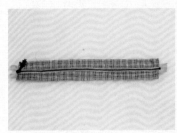

4 支架穿入布3×36cm×4片，與35cm拉鍊組合（做法參照p.187）。

6 表布與裡布另一邊與拉鍊另一側夾車。

返口

7 表布與表布、裡布與裡布對齊車縫固定，並預留一返口。

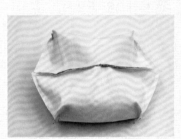

8 四邊截角8cm，剪掉截角多餘的布。

10 完成作品。

支 柱 の 口 金

No.26

幾何六片口金包

------ How to Make p.126 ------
支架：8×4cm（方）

六片布塊的接合，
顛覆了傳統視覺，
形狀也隨之改變，
幾何創意好好玩。

-------------------- *

No.26
幾何六片口金包

-- 參照原寸紙型D面 --

| instructions |

1. 三色表布：各30×10cm×2片
   拉鍊裝飾用布：8×10cm
2. 裡布：30×60cm×1片
3. 支架穿入布：3×19cm×4片
4. 厚襯：40cm×110cm
5. 拉鍊：18cm×1條
6. 支架：8×4cm（方）×1組

完成尺寸：長12cm高13cm底寬10cm

| Step by Step |

1 兩組三色表布，先燙上厚襯，
再依紙型每色剪下兩片。

5 側邊組合，下端一樣車至0.7cm
縫份處，上端車至頂端。

9 支架穿入布3×19cm×4片，
與18cm拉鍊組合（做法參照
p.187），兩端車上裝飾布（做
法參照p.188）。

13 完成作品。

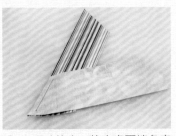

2 取兩片接合，接合處兩端各車至0.7cm處。

3 六片組合完成。

4 翻至背面，底部旋轉燙平。

6 完成外袋組合。

7 內裡布先燙上厚襯，依紙型剪下六片，組合方法同表布。

8 完成內袋組合，需預留一返口。

10 拉鍊固定於外袋袋口。

11 內袋再與外袋正面對正面套入，車縫一圈固定。

12 翻回正面，縫合返口，穿入支架口金。

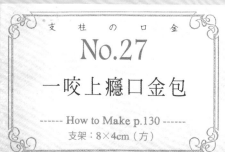

支柱の口金

No.27

一咬上癮口金包

------ How to Make p.130 ------
支架：8×4cm（方）

像蘋果的好滋味，咬一口就會上癮。
別做支架口金包，會讓妳深深迷戀。

No.27

一咬上癮口金包

| instructions |

1. 表布：19×13.5cm×2片
   包釦用布：5×20cm
   支架穿入用布：3×19cm×4片
2. 裡布：19×25.5cm×1片
3. 厚襯：50×55cm×2片
4. 拉鍊：18cm×1條
5. 支架：8×4cm（方）×1組
6. 包釦：24mm×4顆

| 完成尺寸：長11cm高9cm底寬6cm |

| Step by Step |

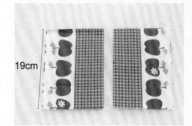

1 裁表布19×13.5cm×2片，燙上厚襯。

5 表布與裡布另一端與拉鍊另一側夾車。

9 剪掉截角多餘的布。

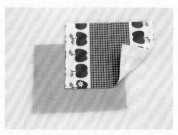

2 組合成為一片，內裡布裁19×25.5cm，燙上厚襯。

3 支架穿入布3×19cm×4片，與18cm拉鍊組合（做法參照p.181）。

4 拉鍊置中，表布與裡布正面對正面與拉鍊夾車。

6 表布與表布，裡布與裡布對齊。

返口

7 表布與表布、裡布與裡布對齊車縫固定並預留一返口。

8 四邊截角6cm，剪掉截角多餘的布。

10 由返口翻回正面，縫合返口，拉鍊兩端包釦裝飾（做法參照p.188）。

11 置入支架。

12 完成作品。

支 柱 の 口 金

No.28

甜蜜糖果口金包

------ How to Make p.134 ------
支架：8×4cm（方）

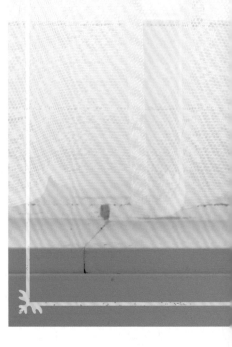

其實幸福的感覺不曾離開，
一顆糖就可讓心中很幸福。

No.28
甜蜜糖果口金包

| instructions |

1. 表布前後片：19×20cm×2片
   包釦用布：5×20cm
2. 裡布前後片：19×20cm×2片
3. 厚襯：20cm×80cm
4. 拉鍊：18cm×1條
5. 支架：8×4cm（方）×1組
6. 包釦：24mm×4顆

| 完成尺寸：長15cm 高16cm 底寬2cm |

| Step by Step |

1 表布19×20cm×2片，燙上厚襯。

5 拉鍊置中，表布與裡布正面對正面與拉鍊夾車。

9 四邊截角2cm。

13 兩端縫上包釦裝飾（做法參照p.188），穿入口金支架。

2 內裡布19×20cm×2片,燙上厚襯。

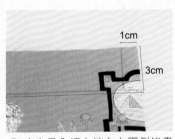

3 表布及內裡上端左右兩側皆畫上1cm、3cm記號線。

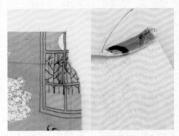

4 往內摺1cm,並車縫至3cm處。

6 另一片的表布接表布、另一片裡布接裡布。

7 表布與裡布另一邊與拉鍊另一側夾車。

8 表布與表布、裡布與裡布對齊車縫固定並預留一返口。

10 翻回正面,縫合返口。

11 沿拉鍊邊車一道固定線。

12 再沿距拉鍊2cm處車一道固定線(支架穿入口)。

14 完成作品。

支 柱 の 口 金

No.29
花之囈語口金包

----- How to Make p.138 -----
支架：18×7cm（方）

在你似夢非夢的囈語中，
我聽到窗外花開的聲音，
是春的禮讚，一種欣喜。

page
136/137

No.29

花之囈語口金包

-- 參照原寸紙型D面 --

| instructions |

1. 表布前後片：34×15cm×2片
   底布：30×11.5cm×1片
   包釦用布：5×20cm×1片
   皮帶掛耳布：4×20cm×1片
2. 裡布：45×34cm×1片
3. 支架穿入用布：3×34cm×4片
4. 厚襯：35×80cm×1片
5. 拉鍊：35cm×1條
6. 支架：18×7cm（方）×1組
7. 包釦：24mm×4顆
8. 皮帶：1組

完成尺寸：長18cm高13cm底寬10cm

| Step by Step |

1 花布34×15cm×2片燙厚襯，再依紙型裁剪、底布30×11.5cm燙厚襯。

5 裁成5cm一段，共四小段，固定於皮帶尾端。

9 與表布尺寸一樣，製作內袋（需預留一返口），內袋再與外袋正面相對套入，車縫一圈固定。

2 組合成為一片。

3 皮帶掛耳布4×20cm使用紅色滾邊器整燙。

4 對摺後車縫固定。

6 表布先對摺車縫左右，底部截角10cm，剪掉截角多餘的布，再將提帶固定於袋口，間距10cm，完成外袋。

7 支架穿入布3×34cm×4片，與35cm拉鍊組合（做法參照p.187）。

8 拉鍊固定於外袋袋口。

10 翻回正面，縫合返口，拉鍊兩端以包釦裝飾（做法參照p.188），穿入支架。

11 完成作品。

支柱 の 口 金

No.30

愛之禮讚口金包

----- How to Make p.142 -----
支架：15×6cm（方）

有一份愛的禮物，
我要把它送給你，
那是我的一顆心，
代表著深深情意。

No.30

愛之禮讚口金包

-- 參照原寸紙型B面 --

| instructions |

1. 表布前後片：30×13cm×2片
   底布：15×22cm×1片
   蝴蝶結：25×35cm×1片
   中間裝飾布：4×13cm×1片
   裝飾花朵：1片
   拉鍊兩端裝飾布：8×10cm
2. 裡布前後片：30×13cm×2片
   底布：15×22cm×1片
3. 支架口金穿入布：3×30cm×4片
4. 厚襯：45×110cm
5. 拉鍊：30cm×1條
6. 支架：15×6cm（方）×1組
7. 木釦：1顆
8. 奇異襯尺寸同裝飾花

| 完成尺寸：長18cm高11cm底寬9cm |

1 裁剪25×35cm蝴蝶結布。

5 袋身前後片裁30×13cm×2片，燙厚襯，取一片表布將蝴蝶結固定上。

9 前後片袋身與底布組合，完成外袋。

13 拉鍊固定於外袋袋口。

2 對摺車縫縫份燙開。

3 中間縮縫。

4 拉緊後形成蝴蝶結。

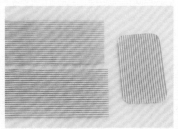

6 另一片袋身使用奇異襯方法貼上裝飾花朵（做法參照 p.151）。

7 蝴蝶結中間裝飾帶4×13cm，使用紅色滾邊器整燙。

8 帶子固定於蝴蝶結中間，底部燙厚襯依紙型裁剪。

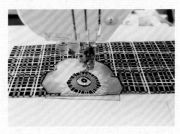

10 內裡前後片30×13cm×2片，燙厚襯，底布燙厚襯依紙型剪下。

11 內裡前後片與底布組合，需預留一返口，完成內袋。

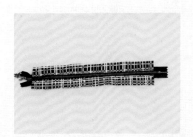

12 支架穿入布3×30cm×4片，與30cm拉鍊組合（做法參照 p.187）。

14 內袋再與外袋正面相對套入，車縫一圈固定。

15 翻回正面，縫合返口，拉鍊兩端車縫裝飾布（做法參照 p.188），穿入支架口金。

16 完成作品。

花太多，顯得空間零亂，
花太大，顯得空間狹窄。
雖獨綻，卻感溫馨滿懷。

No.31

最美時分口金手握包

-- 參照原寸紙型C面 --

| instructions |

1. 表布前後片：26×16cm×2片
   包釦用布：5cm×20cm
2. 裡布前後片：26×16cm×2片
3. 支架穿入布：3×23cm×4片
4. 薄襯：30cm×110cm
5. 鋪棉：20cm×60cm
6. 拉鍊：22.5cm×1條
7. 支架：13×4cm（方）×1組
8. 包釦：24mm×4顆

| 完成尺寸：長18cm高11cm |

| Step by Step |

1 表布26×16cm×2片，先燙上
   薄襯再鋪棉，棉後燙薄襯，共
   四層，先依紙型畫出袋型。

5 支架穿入布3×23cm×4片，
   與22.5cm拉鍊組合（做法參照
   p.187）。

9 翻回正面，縫合返口，拉鍊
   兩端以包釦裝飾（做法參照
   p.188），並穿入支架。

2 沿劃線內側0.5cm處車縫一圈，再沿劃線剪下。

3 兩片表布正面相對車縫固定。

4 剪去縫份外的鋪棉，完成外袋。

6 拉鍊固定於外袋袋口。

7 裡布26×16cm×2片，先燙上薄襯，依紙型剪下，正面對正面組合預留一返口，完成內袋。

8 內袋再與外袋正面相對套入，車縫一圈固定。

10 完成作品。

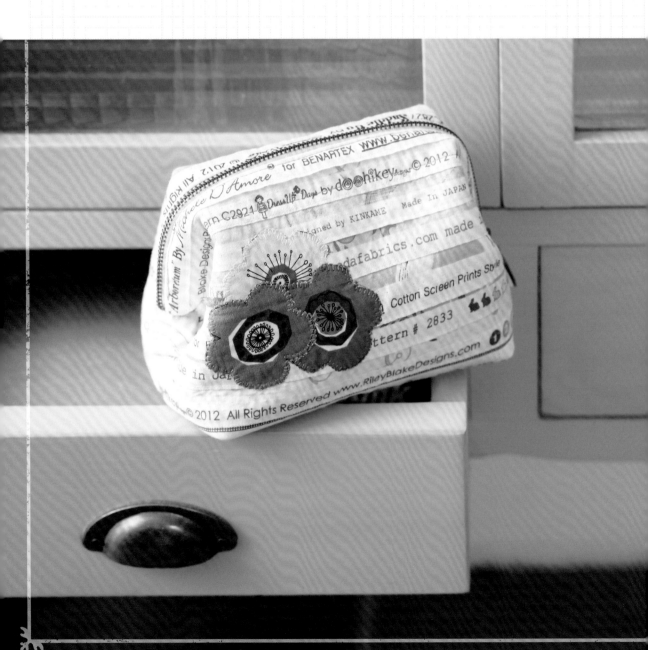

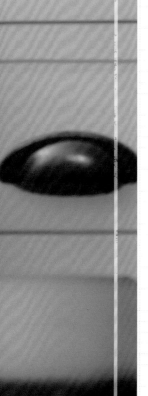

每一片布都曾有不凡故事，
曾發光發亮呈現多樣繽紛，
任零碎憔悴獨處布櫃一隅，
重新編織淬練仍魅力無限。

* - *

No.32
編織彩衣口金包

| instructions |

1. 表布由布邊組合
   裝飾花朵用布：5×5cm×4朵
   拉鍊兩端裝飾布：8×10cm×1片
2. 裡布：29×40cm×1片
3. 厚襯：30×110cm×1片
4. 拉鍊：30cm×1條
5. 支架：15×6cm（方）×1組
6. 奇異襯：15×15cm

| 完成尺寸：長17cm高13cm底寬10cm |

| Step by Step |

1 將布邊一片疊上一片車縫固定。

5 燙於表布上，表布背片燙上厚襯，裁齊為29×40cm。

9 內裡裁29×40cm燙厚襯，同表布方法四個角完成內摺固定。

13 四邊截角10cm，剪掉截角多餘的布。

2 完成大約為30×22cm×2片，因文字有方向性，底對底接合成為一片。

3 剪下裝飾花朵燙於奇異襯上，熨斗溫度要夠，膠才會黏貼於布上，再沿花邊剪下。

4 撕下奇異襯，要確認膠已黏於布上。

6 花朵邊緣車上毛邊繡。

1cm
3cm

7 四個邊角距邊1cm處畫上3cm記號線。

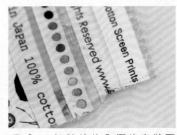

8 3cm記號線往內摺後車縫固定。

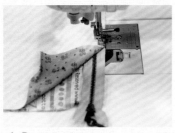

10 拉鍊置中，表布與裡布正面對正面與拉鍊夾車。

11 表布與裡布另一邊與拉鍊另一側夾車。

返口

12 表布與表布、裡布與裡布對齊車縫固定並預留一返口。

14 翻回正面，拉鍊邊車壓一道固定線，距拉鍊邊2cm處再壓縫一道線形成支架穿入孔。

15 由返口翻回正面，縫合返口，拉鍊兩端車縫裝飾布（做法見p.188）置入支架。

16 完成作品。

支 柱 の 口 金

No.33

花季未了口金包

------ How to Make p.154 ------

支架：13×4cm（方）

花季未了，相思未了，
雖時刻短暫，但簡單精彩就好。
剩下的綻放，讓它在回憶裡燃燒吧！

No.33

花季未了口金包

-- 參照原寸紙型A面 --

| instructions |

1. 表布圖案：20×15cm×2片
   左右配色：20×10.5cm×4片
   底：17×25cm×1片
   包釦用布：5×20cm×1片
2. 裡布前後片：20×15cm×2片
   底布：17×25cm×1片
3. 支架穿入布：3×23cm×4片
4. 薄襯：60×110cm
5. 鋪棉：25cm×90cm
6. 拉鍊：22.5cm×1條
7. 支架：13×4cm（方）×1組
8. 包釦：24mm×4顆
9. 提帶：1組

完成尺寸：長20cm高16cm底寬12cm

| Step by Step |

1 表布A20×15cm×2片、B
20×10.5cm×4片，分別組
合成兩片表布，燙上薄襯再鋪
棉，棉後燙薄襯，共四層，開
始壓線。

5 內裡布燙上薄襯依紙型剪下。

9 內袋再與外袋正面相對套入，
車縫一圈固定。

2 底布17×25cm×1片，燙上薄
襯再鋪棉，棉後燙薄襯，共四
層，壓線完成，依紙型剪下。

3 前後片袋身依紙型剪下。

4 前後片袋身與底布組合，完成
外袋。

6 內裡前後片與底布組合，需預
留一返口，完成內袋。

7 支架穿入布3×23cm×4片，
與22.5cm拉鍊組合（做法見
p.187）。

8 拉鍊固定於外袋袋口。

10 翻回正面，縫合返口，拉鍊
兩端包釦裝飾（做法參照
p.188），縫上提帶，間距
8cm。

11 穿入支架口金。

12 完成作品。

風恬樹靜好閒適，恰是悠悠一春水，
凡事不須多憂慮，船到橋頭自然直。

No.34

悠閒狗狗口金包

-- 參照原寸紙型B面 --

| instructions |

1. 表布前後袋身：11×18 cm×2片
   袋身底布：9.5×18 cm×1片
   側身：20×15cm×1片
   包釦用布：5×20cm
2. 裡布袋身：18×25cm×1片
   側身：20×15cm×2片
3. 支架穿入布：3×20cm×4片
4. 薄襯：30×110cm
5. 鋪棉：40×30cm
6. 拉鍊：20cm×1條
7. 支架：10×4cm（方）×1組
8. 包釦：24mm×4顆

| 完成尺寸：長13cm高8cm底寬7cm |

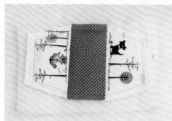

1 前後片表布11×18cm×2片與底布9.5cm×18cm 組合成為一片，先燙上薄襯，再鋪棉，棉後燙薄襯，共四層，依紙型畫上，沿紙型內側0.5cm處車縫一圈。

5 袋身與側身組合完成外袋。

9 拉鍊固定於外袋袋口。

2 沿畫線剪下，完成袋身。

3 側身表布20×15cm，先燙上薄襯，再鋪棉，棉後燙薄襯，共四層，依紙型畫上，沿紙型內側0.5cm處車縫一圈。

4 沿畫線剪下，完成兩片側身。

6 支架穿入布3×20cm×4片，與20cm拉鍊組合（做法參照p.187）。

7 內裡燙薄襯，依紙型剪下。

8 內裡袋身與側身組合，需預留返口，完成內袋。

10 內袋再與外袋正面相對套入，車縫一圈固定。

11 翻回正面，縫合返口，拉鍊兩端包釦裝飾（做法參照p.188），穿入支架。

12 完成作品。

支柱の口金

No.35

豐收季節口金包

------ How to Make p.162 ------
支架：15×6cm（方）

愈成熟的穗子愈懂得彎腰，
愈懂得彎腰也愈成熟飽實，
謙虛盡職的稻草人不邀功，
卻也成就了滿園子的豐收。

page
160
/161

No.35

豐收季節口金包

-- 參照原寸紙型C面 --

| instructions |

1. 表布前後圖案布：12×27cm×2片
   側身：12×27cm×1片
   底布：9×27cm×1片
   包釦用布：5×20cm
2. 裡布袋身：30×26cm×1片
   側身：12×27cm×1片
3. 支架穿入布：3×29cm×4片
4. 薄襯：45×110cm
5. 鋪棉：30×50cm
6. 拉鍊：30cm×1條
7. 支架：15×6cm（方）×1組
8. 包釦：24mm×4顆

| 完成尺寸：長22cm高10cm底寬7cm |

1 前後片表布12×27cm×2片與
  底布9×27cm組合成為一片，
  先燙上薄襯，再鋪棉，棉後燙
  薄襯，共四層，開始壓線。

5 袋身與側身組合完成外袋。

9 拉鍊固定於外袋袋口。

2 壓線完成依紙型剪下。

3 側身布12×27cm，先燙上薄襯，再鋪棉，棉後燙薄襯，共四層，依紙型畫上，沿紙型內側0.5cm處車縫一圈。

4 沿畫線剪下，完成兩片側身。

6 支架穿入3×29cm布四片，與30cm拉鍊組合（做法見p.187）。

7 內裡布燙薄襯，依紙型剪下。

8 內裡袋身與側身組合，需預留一返口，完成內袋。

10 內袋再與外袋正面相對套入，並車縫一圈固定。

11 翻回正面，縫合返口，拉鍊兩端包釦裝飾（做法參照p.188），穿入支架。

12 完成作品。

藍天白雲、青山綠樹，
陽光和煦、空氣清新，
幸福人生，圓福飽滿。

No.36

圓福寶滿口金包

-- 參照原寸紙型C面 --

| instructions |

1. 表布前後片：28×15cm×2片
   底布：15×15cm×1片
   包釦用布：5×20cm
2. 裡布前後片：28×15cm×2片
   底布：15×15cm×1片
3. 支架穿入布：3×20cm×4片
4. 薄襯：30cm×110cm
5. 鋪棉：20×70cm
6. 拉鍊：20cm×1條
7. 支架：10×4cm（方）×1組
8. 包釦：24mm×4顆

| 完成尺寸：長13cm高10cm底寬12cm |

| Step by Step |

1 表布28×15cm×2片，先燙上
薄襯，依紙型剪下及打摺記號
打摺。

5 表布前後片與側身組合完成外
袋，拉鍊固定於外袋袋口。

9 翻回正面，縫合返口，拉鍊兩端
包釦裝飾（做法參照p.188），
穿入支架。

2 底布15×15cm 依紙型畫圈，先燙上薄襯及打摺完成的表布，再鋪棉，棉後燙薄襯，共四層，沿內側0.5cm處車縫一圈。

3 底部依紙型剪下，表布沿邊剪下。

4 支架穿入布3×20cm×4片，與20cm拉鍊組合（做法參照p.187）。

6 裡布28×15cm×2片，先燙上薄襯，依打摺記號打摺，底部燙薄襯後依紙型剪下。

7 內裡前後片與底布組合，需預留一返口，完成內袋。

8 內袋再與外袋正面對正面套入，車縫一圈固定。

10 完成作品。

支柱の口金

No.37

曲奇褶縐口金包

----- How to Make p.170 -----

支架：20×7cm（弧）

微風徐徐，碧波粼粼，
似人生一般充滿縐褶，
裡面蘊藏著酸甜苦辣，
都是今生難忘的記憶。

No.37

曲奇褶縐口金包

-- 參照原寸紙型D面 --

| 完成尺寸：長25cm高18cm底寬10cm |

| instructions |

1. 表布前後片花布：17×110cm×2片
   上段格子布：8×36cm×2片
   底布：14×28cm×2片
   包釦用布：5×20cm×1片
2. 裡布：40×110cm×1片
3. 支架穿入布：3×34cm×4片
4. 薄襯：60×110cm
5. 鋪棉：30×90cm
6. 拉鍊：30cm×1條
7. 提帶：1組
8. 包釦：24mm×4顆
9. 支架口金：20×7cm（弧）×1組
10. PE板：8×25cm×1片
11. 皮帶：1組

| Step by Step |

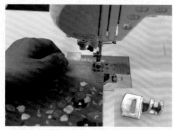

1 裁花布17×110cm×2片，不要燙襯使用縐褶壓布腳，先將穿過針的線拉住。

2 按下針按鈕，針向下再按上針按鈕。

3 針往上會將下線往上拉出來（留住一段線可以調節縐褶）。

4 針趾長度調為5.0～7.0，沿邊車即會出現縐褶。

5 完成後多拉一些線出來再剪斷（留住一段線可以調節縐褶）。

6 裁上段格子布8×36cm×2片燙薄襯，花布縐褶完成兩片調整至一樣長，並將上下段接合。

7 完成袋身置放鋪棉上，鋪棉下方燙薄襯，整平後以珠針固定四周，均勻送布腳車上段及接合線，並將四周固定一圈。

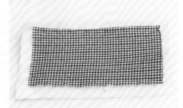

8 底布裁14×28cm燙薄襯再鋪棉，棉後再燙薄襯，共四層，壓線。

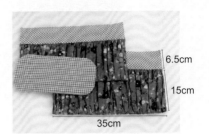

6.5cm

15cm

35cm

9 袋身裁齊為35cm×21.5cm，袋底依紙型剪下。

10 袋身與袋底組合，完成外袋。

11 內裡燙上薄襯，袋身裁35×21.5cm×2片，底布依紙型剪下。

12 組合（須預留返口）完成內袋。

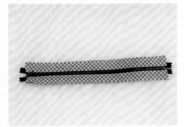

13 支架穿入布3×34cm×4片，與30cm拉鍊組合。

14 拉鍊固定於外袋袋口。

15 內袋再與外袋正面相對套入，車縫一圈固定。

16 翻回正面置入PE底板，縫合返口，拉鍊兩端包釦裝飾（做法參照p.188），縫上提帶（間距9cm）。

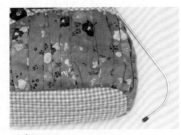

17 穿入支架口金。

18 作品完成。

支柱の口金

No.38

經典傳說口金包

------ How to Make p.174 ------

支架：30×7cm（方）

美學線條抽象的環繞呈現，無法精確地表述情感成分；
在空間中自然地互動，演繹出最簡單的力與美。

No.38
經典傳說口金包

| instructions |

1. 表布英文字：9.5×46cm×2片
   線條：18.5×46cm×2片
   底：14×46cm×1片
   拉鍊兩端裝飾布：8×10cm×1片
2. 裡布：75×110cm×1片
3. 厚襯：70×110cm
   薄襯：30×110cm
4. 拉鍊：55cm雙頭拉鍊×1條、20cm×1條
5. 支架：30×7cm（方）×1組
6. PE底板：12×30cm×1片
7. 提帶：1組
8. 皮標：1片
9. 鉚釘：4顆

1 英文字9.5×46cm×2片、線條布18.5×46cm×2片、底布14×46cm×1片，分別燙上厚襯，再組合成為一片。

5 內裡同表布方法四個角完成內摺固定。

9 四邊截角12cm，剪掉截角多餘的布。

13 穿入支架。

| 完成尺寸：長32cm高25cm底寬12cm |

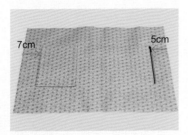

2 內裡64×46cm×1片，燙上厚襯，一側距邊5cm處開拉鍊口袋（25×35cm燙薄襯），一片距邊7cm處車開放式口袋（25×35cm燙薄襯）。

3 四個邊角距邊1cm處畫上3cm記號線，往內摺後車縫固定。

4 四個邊角完成往內摺後車縫固定。

6 拉鍊置中，表布與裡布正面相對與拉鍊夾車。

7 表布與裡布另一邊與拉鍊另一側夾車。

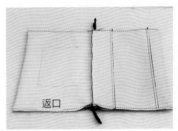

8 表布與表布、裡布與裡布對齊車縫固定並預留一返口。

返口

10 翻回正面，拉鍊邊車壓一道固定線。

11 距拉鍊邊2cm處再壓一道線形成支架穿入孔。

12 由返口翻回正面，置入PE板，縫合返口，拉鍊兩端車上裝飾布（做法見p.188）縫上提帶，間距為10cm。

14 完成作品。

支 柱 の 口 金

No.39

咖啡花語口金包

------ How to Make p.178 ------

支架：12×6cm（半圓）

有種思念在心裡淡淡的、酸酸的，
有種情感在心裡柔柔的、甜甜的，
就像玫瑰和拿鐵的交融，一種豐富又多層次的口感。

No.39

咖啡花語口金包

-- 參照原寸紙型D面 --

instructions

1. 表布前後片：20×30cm×2片
   側身：35×20cm×1片
   提帶用布：4×20cm
   包釦用布：5×20cm
2. 裡布前後片：30×20cm×1片
   側身：35×20cm×1片
3. 支架穿入布：3×23cm×4片
4. 薄襯：30×110cm×1片
5. 鋪棉：35×60cm×1片
6. 拉鍊：25cm×1條
7. 支架：12×6cm（半圓）×1組
8. 提帶：2條
9. 包釦：24mm×4顆

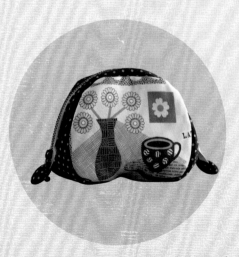

| 完成尺寸：長12cm高10cm底寬5cm |

| Step by Step |

1 側身表布35×20cm，先燙上薄襯，再鋪棉，棉後燙薄襯，共四層，依紙型畫上。

5 沿畫線線剪下。

9 支架穿入布3×23cm×4片，與25cm拉鍊組合（做法見p.187）。

13 再將拉鍊固定於外袋袋口。

2 沿紙型內側0.5cm處車縫一圈。

3 沿著畫線剪下。

4 表布前後片20×20cm×2片，先燙上薄襯，再鋪棉，棉後燙薄襯，共四層，做法同側身。

6 表布前後片與側身組合完成外袋。

7 內裡布燙上薄襯依紙型剪下。

8 內裡前後片與側身組合，需預留一返口，完成內袋。

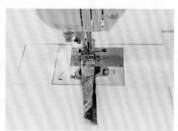

10 提帶布4×20cm，對摺車縫。

11 翻回正面，裁切成5cm×4片。

12 提帶固定布對摺先固定於袋身。

14 內袋再與外袋正面對正面套入，車縫一圈固定。

15 翻回正面，縫合返口，拉鍊兩端以包釦裝飾（做法參照p.188），穿入支架。

16 完成作品。

只想找一個如花朵般輕渺的棲身之所，
尋尋覓覓原來在你微微張開的手心裡。

No.40

蝶花之戀口金包

-- 參照原寸紙型B面 --

| instructions |

1. 表布前後片：15×12 cm×2片
   側身：16×33cm×1片
   包釦用布：5×20cm
2. 裡布前後片：15×12cm×2片
   側身：16×33cm×1片
3. 支架穿入布：3×19cm×4片
4. 薄襯：35×110cm
5. 鋪棉：20×70cm
6. 拉鍊：18cm×1條
7. 支架：8×4cm（方）×1組
8. 包釦：24mm×4顆

| 完成尺寸：長13cm高9cm底寬7cm |

| Step by Step |

1 表布15×12cm×2片，先燙上薄襯，再鋪棉，棉後燙薄襯，共四層，依紙型畫上，沿紙型內側0.5cm處車縫一圈後沿畫線線剪下。

5 內裡布燙上薄襯依紙型剪下。

9 翻回正面，縫合返口，拉鍊兩端以包釦裝飾（做法參照p.188），穿入支架口金。

2 側身表布裁16×33cm×1片，先燙上薄襯，再鋪棉，棉後燙薄襯，共四層，依紙型畫上，沿紙型內側0.5cm處車縫一圈後，沿畫線線剪下。

3 支架穿入布3×19cm×4片，與18cm拉鍊組合（做法參照p.187）。

4 表布前後片與側身組合完成外袋。

6 內裡前後片與側身組合，需預留一返口，完成內袋。

7 拉鍊固定於外袋袋口。

8 內袋再與外袋正面對正面套入，車縫一圈固定。

10 完成作品。

不可不知的縫製細節

The Gates of Exquisite View

two printers, disk drives, telephones...

John Trenhaile

folded." ... lead the way. He seemed to know it blind-

Another loud boom rocked the *Golden Eagle*, making her light flicker and dance. A few stones plopped into the water, but that was all. "Come on, Mat. I'll be right be-hind."

When the *Golden Eagle*'s light finally disappeared total. Sometimes the darkness that enveloped them was shell penetrated the crash of ... particularly well-directed around a corner, the dark ... that enveloped them was they progressed the crash of ... deeper into the rock all they could hear was the sound ... each other's foot-steps and the thumping of their own ... ears.

"Fuck!" Mat's hand had slid off th... lit in the path.

Zi-yang stood with his head had ... le. listening. He licked his finger and held it up. "A current coming from ... that direction. He gress, already slow, became snailli... y upward. Pro-for about five minutes when Zi-yang fi... ey'd been going the second and instantly plastered hims... his way around had time to look over his shoulder an... the Englishman glow shimmering up and down. In ... ee a faint orange

"What is it?" he breathed.

"Torches..."

"I remember them. We must b... getting close now." Qiu had narrowed the gap b... een them enough to hear his last words. "Li's torn... chamber?"

"Yes..." Mat did the same. The Qiu released his safety... n. to linger in the tunnel for a aftermath of noise seem... long time.

They crept forw... until they could see the nearest narrow ambit... pitting on its bracket, with only dark-ness bev... light, Zi-yang paused. He waited several sec-onds, flexing his muscles; then he bounded forward.

The Gates of Exquisite View

Lennie Luk stood at the far end, gazing down on Mat with an expression of horror. Two other men, scientists perhaps, were seated in front of the screens, obviously terrified.

"What's that?" Li gestured to the FC-180 dropped by Mat, and a guard handed it to him. Li examined the gun critically before leaning it against the side wall of the recess. "We have cooperated. These two gentlemen have sufficient un-derstanding of the principles involved to counteract its radio guidance system."

"Too late. The invasion's bec... on the way in."

"Yes. You wou... lled

"It's tru...

THE GATES OF EXQUISITE VIEW

Qiu said nothing.

"Lennie's not going to work for Beijing, we're to be shot. We be reported as killed in action, no doubt. So those we... Sun's terms. I wondered why you insisted my father... on this trip, now I know." Qiu examined my father...

closed eyes. He was missing somethin...

that, or Mat would make a remark... good actor. So confident.

"And the punishment fo... reason is death, either sch... bring Lennie to Qu... ter." "You betrayed them by

"You... no choi... Mat turned to hi...

smiled. "I'm glad you decided to sacrifice me, or not." Mat this problem. He has the gun. I left mine in the caves.

"Let me see if I can figure it out. You're to deliver Lennie Luk to Beijing and hand us over to the author-ties. In return, you can have a divorce, Lin-chun.

"Not bad."

"And... "You've always been sold to us as an ex...

no fool. Yet you... Don't you underst... Yet I have to try! Don't you underst... back and make a deal, something that... stick." Qiu couldn't take his eyes off Mat's face. He... ed his fore-head at last. "Live in Beijing, with Lin...

"How did you know?" Simon breathed...

"Not difficult," said Mat. ... The deal ... old to us in Hong Kong was impossibly one-sided. Qiu got every-cause you've dealt with them for so long you've become blind. Sorry." ... Mat turned back to face Qiu. "There's no need m... Colonel. You can't have Lin-chun."

Simon started down at the deck. "I... I trusted

Even... Qiu?

have the bargaining counter I need. Taiwan will saved—if not by us, then by new-found allies who w... flock to acquire Apogee." He turned briefly to the again. "Keep Luk covered"—before addressing Mat Mat said nothing.

"Why did you come here?"

"Tell me how you came here?"

When Mat still refused to speak, Li nodded at the guard standing nearest him. The man worked in silence, but he was thorough, and before long Mat slid to the floor with a groan.

"All right, enough!" Li stood looking down on Mat for a long time before he spoke again. "The Japanese were accustomed to enforce their rule severely, here in Taiwan. For fifty years they used to make examples of those who dared oppose them, particularly within the family. They executed my... in front of me. Their purpose was to make me rem... And I did remem-ber. I can see his execution now, as it... yesterday."

He drew his sword from its scabbard.

sat transfixed, deep in shock.

THE GATES OF EXQUISITE VIEW

wall. She was breathing very... miss?" asked the senior guard ... you all right, be okay." She wasn't. As the senior guard put his face ... ink to her knees. Lin-chun uttered an alarming croak and the counter. Nobody moved. The room was stuffy and full of peo-ple. but when one of the guards was manning the office, there was a bell, woked was a bad-tempered shout of "Wait, can't you?" from behind a partition.

"Water," whispered Lin-chun. She couldn't seem to raise her head. Passengers crowded around, each with a different remedy. The younger guard looked up and through the door leading to the concourse, saw the men's-room sign. He ran off, pushing his way through the crowd.

A man emergency ... and now, the police ... be coming to hands on a filthy to... om the office, wiping his The custodian... Help me... he growl... wiping the par-

John Trenhaile

party." Simon lowered his voice so that ... hear. "You'll need a passport."

"Someone's getting it from my..."

"In the name of Khoo?"

"Unfortunately, yes."

"Too bad. You go out that door..."

Simon reverted to his normal tone... polite applause...

SIXTEEN

THE GATES OF EXQUISITE VIEW

"Oh... the same. She's sleeping now. She'll be all right. If only..."

"If only what?"

"If only I hadn't climbed that tower. I should have chance that... talking nonsense, Quanwei. It was sheer recalled you, you ... n't in Taipei this weekend. If I hadn't cident had happened... ten have been aware that his ...

sorry to trouble you at a time lik... can't wait any longer. Please come with me."

He led the way down a corridor to the infirmary's en-trance, where a car was waiting. Sun ushered Qiu into the backseat and climbed in beside him, closing the par-tition behind the driver's head.

"You have the rest of the weekend to spend with your family," Sun said as the car pulled ... go to the airport now. Sun... afterwards."

and to port. Lin-chun blinked... there it was again. "I can see a... once Cheong was beside her f... night-glasses. "Where?" her hou...

She pointed. Cheong leaned ... scanned the open sea. For wha... heart gradually sank. She had... he held his position without ...

"You're right. Ten degree... We'll close." He snapped ... creased power. Now ther... steady dot-dot-dot, follow... dot-dot once more. ... at's them." Cheong sively. "Come on ...

In order to ... ss. I need help outside. for he pass... the bridge he had to pass ci-radar scre... ething about it evidently distu... "What is it?" ... "Look there. See how the rest of the fleet's all ..."

"Yes..."

"Some of those dots ..." He brought his fac... to within a couple of inches of the glass. "I can't out ... bunching, or is that one big ship?" cluster of tiny lights beneath the sweep meant nothin... her at all. "Shit!" Cheong muttered. thing. And this time it surely isn't land! "I smell sc...

"Feeling better?"

"A bit."

As Me... rawled back from the side of the bou... Mat lif... sacking that covered most of his body an... pulled h... bloc to him. She resisted a little. "My breath... horribl... Sick."

"... t be silly." ... was cold on the deck of the fishing bark. Mat are... ged more sacks over them both and stroked her head against his chest until she stopped shivering. "I'm scared." she whispered. "How come you're not?" "Because it's going all right. Thanks to you."

製作支架口金包注意事項

1 布有接合點時注意接合點要對齊，避免翻回正面時發現圖案沒有對齊的尷尬。

2 內袋套外袋車縫組合時，因有拉鍊卡住不好車縫，可以使用拉鍊壓布腳車縫，左側比較不會卡住。

3 表布如為一般綿布，製作不鋪棉的包款時，若使用的厚襯仍不夠挺，可以先燙薄襯後再燙厚襯，如此可使包包更硬挺。

皮繩（出芽）製作方法

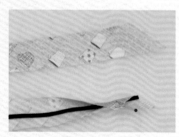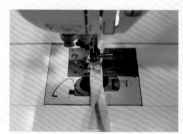

1 裁3cm斜布，將皮繩包住。

2 使用拉鍊壓布腳車縫固定。

3 或使用串珠壓布腳固定（需調至右針位）。

4 再將包好的皮繩，使用拉鍊壓布腳固定於表布上。

5 或使用串珠壓腳固定於表布上（需調至右針位）。

6 皮繩固定後完成圖。

支架穿入用布車縫方法

1 裁剪需要的支架穿入用布長度，頭尾兩端先往內摺1cm燙平。

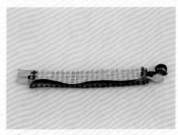

2 每個內摺1cm皆沿邊車縫固定（穿入支架時較不會卡住）。

3 將拉鍊置中。

4 使用拉鍊壓布腳車縫。

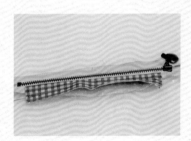

5 拉鍊一側固定完成。

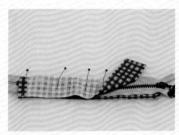

6 翻至正面。

7 拉鍊邊使用拉鍊壓腳先車縫固定。

8 再使用一般萬用壓腳於距邊0.5cm處車縫固定。

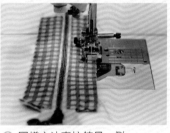

9 同樣方法車拉鍊另一側。

10 完成圖，藍線為車縫固定線，左右不車，所以留有洞口即為支架置入孔。

| 拉鍊兩端包覆裝飾方法 |

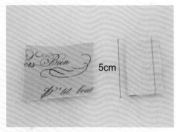

1 裁5×8cm×2片，燙上薄襯，
對摺車縫一道固定線。

2 縫份置中燙平，上端再車一道
固定線，翻回正面。

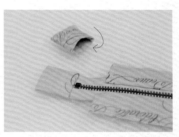

3 往內摺入1cm，套入拉鍊兩端
裝飾。

| 包釦裝飾製作方法 |

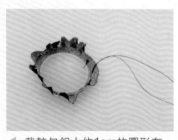

1 裁較包釦大約1cm的圓形布，
縮縫。

2 縮縫後拉緊。

3 先固定於拉鍊尾端。

4 再製作另一個包釦，兩個對貼
以藏針縫合，完成包釦裝飾。

| 拉鍊口袋製作 |

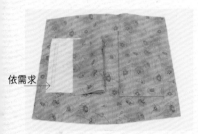

依需求

1 拉鍊口袋布（依需求裁尺寸）燙薄襯，在距邊依需求處畫 1cm×（1cm×拉鍊長度）▭。

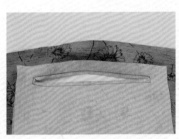

2 沿 ▭ 外框車一圈固定，再依 ⤏—⟨ 剪開。

3 拉鍊口袋布由剪開洞口置入。

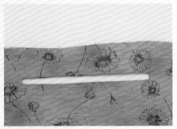

4 燙平形成拉鍊口。

5 置入拉鍊，使用拉鍊壓布腳將拉鍊車上。

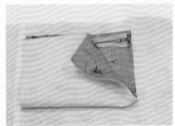

6 翻回背面將拉鍊口袋布對摺封口。

bon matin 18

人氣夯！來玩支架口金包（2017年暢銷增訂版，8款全新作品首次登場！）
from 8cm to 35cm，40款獨家設計╳52種配色口金包，首次發表新登場！

| 作　　者 | 林素伶 |
| 攝　　影 | 王正毅 |

總 編 輯	張瑩瑩
副總編輯	蔡麗真
主　　編	莊麗娜
美術編輯	林佩樺
封面設計	MISHA
紙型繪製	劉芸

| 責任編輯 | 莊麗娜 |
| 行銷企畫 | 林麗紅 |

社　　長	郭重興
發行人兼 出版總監	曾大福
出　　版	野人文化股份有限公司
發　　行	遠足文化事業股份有限公司
	地址：231新北市新店區民權路108-3號6樓
	電話：（02）2218-1417　傳真：（02）86671065
	電子信箱：service@bookrep.com.tw
	網址：www.bookrep.com.tw
	郵撥帳號：19504465遠足文化事業股份有限公司
	客服專線：0800-221-029
法律顧問	華洋法律事務所　蘇文生律師
印　　製	凱林彩印股份有限公司
初　　版	2017年7月

有著作權　侵害必究
歡迎團體訂購，另有優惠，請洽業務部（02）22181417分機1133、1166

國家圖書館出版品預行編目(CIP.)資料

人氣夯！來玩支架口金包．from 8cm to 35cm，40款獨家
設計╳52種配色口金包，首次發表新登場！（2017年暢
銷增訂版、8款全新作品首次登場！）/ 林素伶著. --二
版. -- 新北市：野人文化出版：遠足文化發行, 2017.07
面；　公分. --（bon matin ; 18）
ISBN 978-986-384-206-4（平裝）

1.拼布藝術 2.手提袋 3.手工藝

426.7　　　　　　　　　　　　106009792

野人文化
讀者回函卡

感謝您購買《人氣夯！來玩支架口金包》(2017年暢銷增訂版，8款全新作品首次登場！)

姓　名 _____ □女 □男　年齡 _____

地　址 _____

電　話 _____ 手機 _____

Email _____

學　歷 □國中(含以下) □高中職　□大專　　□研究所以上
職　業 □生產/製造　□金融/商業　□傳播/廣告　□軍警/公務員
　　　 □教育/文化　□旅遊/運輸　□醫療/保健　□仲介/服務
　　　 □學生　　　□自由/家管　□其他

◆您從何處知道此書？
□書店 □書訊 □書評 □報紙 □廣播 □電視 □網路
□廣告DM □親友介紹 □其他

◆您在哪裡買到本書？
□誠品書店　□誠品網路書店　□金石堂書店　□金石堂網路書店
□博客來網路書店　□其他_____

◆您的閱讀習慣：
□親子教養　□文學 □翻譯小說 □日文小說 □華文小說 □藝術設計
□人文社科　□自然科學　□商業理財　□宗教哲學 □心理勵志
□休閒生活（旅遊、瘦身、美容、園藝等）　□手工藝／DIY　□飲食／食譜
□健康養生 □兩性　□圖文書／漫畫　□其他

◆您對本書的評價：(請填代號，1.非常滿意　2.滿意　3.尚可　4.待改進)
書名_____封面設計_____版面編排_____印刷_____內容_____
整體評價_____

◆希望我們為您增加什麼樣的內容：
_____
_____

◆您對本書的建議：
_____
_____

廣　告　回　函
板橋郵政管理局登記證
板橋廣字第１４３號
郵資已付　免貼郵票

23141
新北市新店區民權路108-2號9樓
野人文化股份有限公司 收

書名：人氣夯！來玩支架口金包
（2017年暢銷增訂版，8款全新作品首次登場！）

書號：0NBM4018